JN181905

Webシステム用ライブラリ 活用ガイド

基本ライブラリ
1 Bootstrap3
見栄えを良くするCSS集
2 Smarty
テンプレート出力

魅力的なUIを作る
3 TinyMCE
HTMLエディタを付ける
4 Select2
選択肢を選びやすく
5 jsTree
ツリー表示
6 Chart.js
簡単にグラフを描く

Webシステムに追加
7 Dropzone
非同期ファイルを転送
8 Pixastic/ImageAreaSelect
Webでフォトレタッチする
9 elFinder
ブラウザでサーバのファイルを操作
10 Mergely
テキストの差分を表示
11 Securimage
CAPTCHAを使って認証
12 GeoIP2
「位置」を調べる

フレームワーク
13 Underscore.js
よく使う基本関数群
14 Vue.js
データ・バインディング機能
15 D3.js
データを表にしたりグラフを描く
16 CakePHP
DBアプリを簡単に作る

Word、Excel、PDF
17 TCPDF
「PHP」で「PDF」を出力
18 LibreOffice/JODConverter
ドキュメントを変換・操作
19 Poppler
PDFを画像に変換

サーバで動かす
20 PHP Simple HTML DOM Parser
スクレイピングで情報を取り出す
21 MeCab
フリガナを付ける

開発に便利なツール
22 Selenium
ブラウザ操作を自動化
23 MailCatcher
ダミーのメールサーバ

はじめに

最近のシステムは、機能性だけでなく「使いやすさ」も求められます。

「使いやすさとは何か」を改めて考えてみると、その実態は、「見栄えの良いユーザー・インターフェイス」や「あると便利な機能」など、システム本来の機能ではなかったりします。

システム開発の現場では、納期が短いなか、システム本来の機能ではないものに、多くの労力を割くことはできません。

そもそも、こうした機能は汎用的なものであり、わざわざ開発者が、いちから作るようなものでもありません。

そこで活用したいのが「ライブラリ」です。

世の中には、たくさんの「オープンソースのライブラリ」があり、それらを使えば、数十行のコードを書くだけで、システムの使い勝手を大きく変えることができます。

＊

本書は、Webシステムで使われることを想定した「ライブラリ」や「フレームワーク」を紹介した書です。また、開発の際に、「使うと便利なツール」も併せて紹介していきます。

実際に筆者がシステム開発によく使っているものを中心に、実践的で、すぐに活用できるものをできるだけ多くピックアップしました。

読者の皆様の作るWebシステムを使いやすく、また、高機能にする際に、お役に立てれば幸いです。

大澤　文孝

Web システム用ライブラリ 活用ガイド

CONTENTS

はじめに……3

序章　ライブラリとは何か

[1]「ライブラリ」を活用する……8
[2]「ライブラリ」を使うには……9
[3] ライセンス……13

Web システム用ライブラリ

まずは知りたい「基本ライブラリ」

[1]「Bootstrap3」――見栄えを良くする CSS 集……18
[2]「Smarty」――テンプレート出力……24

魅力的なユーザーインターフェイスを作る

[3]「TinyMCE」――自分のシステムに HTML エディタを付ける……31
[4]「Select2」――選択肢を選びやすくする……37
[5]「jsTree」――ツリー表示する……44
[6]「Chart.js」――簡単にグラフを描く……51

Web システムに便利な機能を追加する

[7]「Dropzone」――「ドラッグ＆ドロップ」で非同期にファイルを転送する……58
[8]「Pixastic/ImageAreaSelect」――Web でフォトレタッチする……65
[9]「elFinder」――ブラウザでサーバのファイルを操作する……72
[10]「Mergely」――更新されたテキストの差分を表示する……84
[11]「Securimage」――CAPTCHA を使って認証する……91
[12]「GeoIP2」――対象地域の「位置」を調べる……97

開発に便利なフレームワーク

[13]「Underscore.js」── よく使う基本関数群を提供する …… 104
[14]「Vue.js」── データ・バインディング機能を提供する …… 110
[15]「D3.js」── データを表にしたりグラフを描く …… 122
[16]「CakePHP」── DB アプリを簡単に作れるフレームワーク …… 135

Word、Excel、PDF を扱う

[17]「TCPDF」──「PHP」で「PDF」を出力する …… 143
[18]「LibreOffice/JODConverter」
── オフィスドキュメントを変換・操作する …… 150
[19]「Poppler」── PDF ファイルを画像に変換する …… 157

サーバで動かすと便利なライブラリ

[20]「PHP Simple HTML DOM Parser」
── スクレイピングで Web ページから必要な情報を取り出す …… 163
[21]「MeCab」── フリガナを付ける …… 170

開発に便利なツール

[22]「Selenium」── ブラウザ操作を自動化 …… 176
[23]「MailCatcher」── 軽量なダミーのメールサーバ …… 183

索 引 …… 190

序章

「ライブラリ」とは何か

「ライブラリ」（Library）を活用すると、少ない労力で高機能なシステムを作ることができます。
「ライブラリ」を使うには、まず「使い方」や「ライセンス」に対する理解が必要です。

1 「ライブラリ」を活用する

「ライブラリ」は、さまざまな機能を提供する「プログラムの部品」です。

インターネットには、「グラフを描く」「PDF を作る」「ファイルをアップロードする」「画像のサムネイルを作る」など、さまざまな「ライブラリ」が公開されています。

自分が書いている「プログラム」に、これらの「ライブラリ」を組み込んで、連携させるための、ごくわずかなプログラムを書くだけで、そうした機能が即使えるようになります。

ソースが公開されている「オープンソース」の「ライブラリ」のなかには、商用利用まで含め自由に使えるものも数多くあります。

実際、「商用のサービス」や「ソフトウェア」にも、こうした「ライブラリ」が数多く使われています。

たとえば、「ブログ・ツール」の「WordPress」では、コンテンツの入力画面において、「文字」の色を変えたり装飾したり、「画像」や「表」などを入れて、まるでワードで文章を書くときのように自由なレイアウトで記述できますが、この機能は、本書でも紹介している「TinyMCE」という「ライブラリ」を使っています。

つまり、「TinyMCE」を使えば、「WordPress」と同じような入力画面を、自分で作るシステムでも実現できるのです。

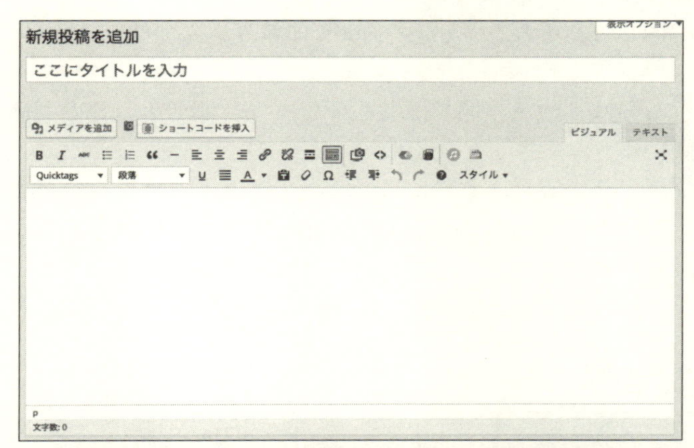

ソフトやサービスのいくつかの機能は、「ライブラリ」で構成されている

2 「ライブラリ」を使うには

「ライブラリ」は、さまざまなプログラミング言語用のものが、さまざまな方法で提供されています。

基本的には、配布されている「ライブラリ」をダウンロードして、自分が作っているプログラムと同じ場所に置いて利用します。

*

本書では、主に、「Web システム」で使われることを前提とし、「PHP」と「JavaScript」の「ライブラリ」を紹介しています。

① PHP の「ライブラリ」

「PHP のライブラリ」は、サーバ上に配置します。このとき、インストールなどの作業が必要になることがあります。

サーバ上で実行されるので、配置やインストール方法が、OS によって (Linux なのか Windows なのかなどによって)、異なることがあります。

② JavaScript の「ライブラリ」

「JavaScript のライブラリ」もサーバ上に配置しますが、このライブラリは、HTML で、

```
<script src=" ライブラリ名 "></script>
```

のように記述して、それをWebブラウザに読み込んで使います。

実行されるのは、サーバ側ではなくてブラウザ側です。そのため、サーバの種類は問いません。

反面、ブラウザで実行されるため、実行できるかどうかはブラウザに依存します。「ライブラリ」によっては、最新のブラウザしか対応しないものもあります。

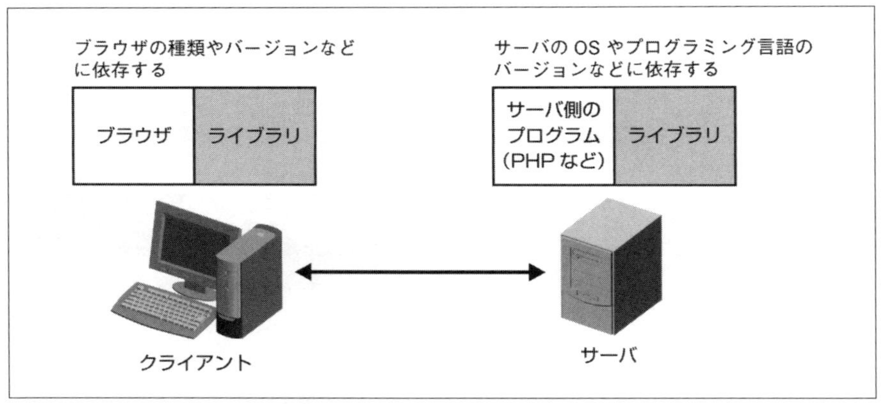

サーバ側で実行される「ライブラリ」とブラウザ側で実行される「ライブラリ」

■ 基本的な「ライブラリ」

「ライブラリ」には「基本的なもの」から「応用的なもの」まであり、「応用的なもの」は、別の「基本的なライブラリ」を前提とすることがあります。

そのような場合には、「基本的なライブラリ」をあらかじめ用意しておかないと、動きません。

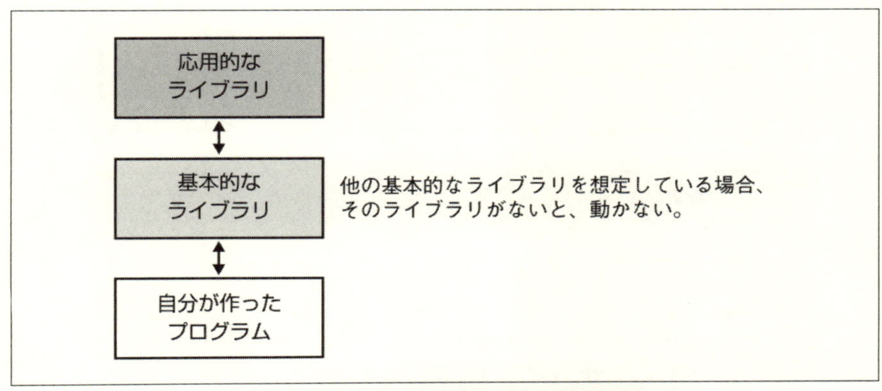

他のライブラリを必要とすることもある

■ jQuery

JavaScriptの世界において、標準的に使われていると言っても過言でないほど「基本的なライブラリ」が、「jQuery」(https://jquery.com/) です。

jQueryは、(a)「ボタンがクリックされた」(b)「ページの読み込みが完了した」などの**イベント処理**や、「Ajax」(Asynchronous JavaScript + XML) と呼ばれる**サーバと通信処理**、そして、(c)**HTMLの要素を操作**する「DOM」(Document Object Model) と呼ばれる処理などを提供するもので、とても多く使われています。

「jQuery」が多く使われる理由は、ブラウザの違いを吸収できるからです。

たとえば、「ボタンがクリックされたときの処理」を記述する方法は、ブラウザによって少し違いますが、jQueryを使えば、その違いをjQuery内部の条件判定処理によって、ブラウザに応じて、うまく切り分けてくれます。

そのため、多くの「ライブラリ」が、jQueryを利用しています。

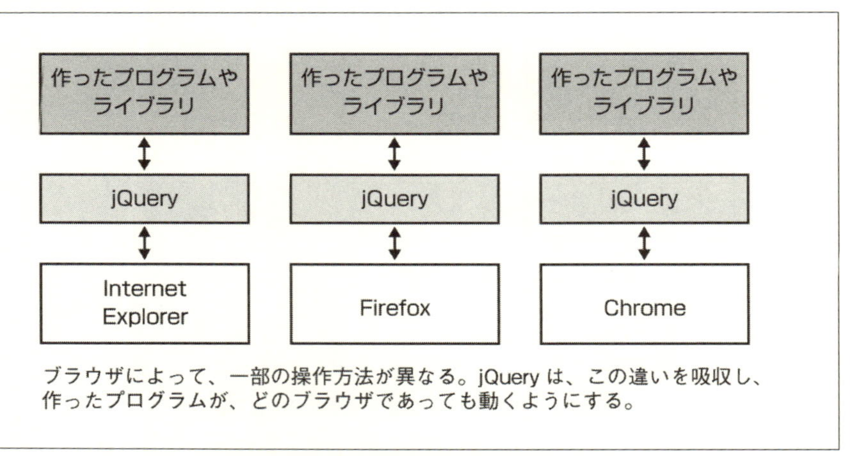

jQuery はブラウザの差異を吸収する

【コラム】「min.js」というファイル名

JavaScript では、「ライブラリ」のファイル名が「普通のファイル名」と「そのファイル名 .min.js」のように、「min.js」が末尾に付けられたファイルの、2 つが提供されることがあります。

「.min.js」という名前が付いているほうは、コメント文や改行、変数名、余計な空白などを詰めて、サイズを小さくしたもので、機能は、どちらも同じです。

実行するときには、サイズが小さい「min.js」のほうがパフォーマンスがよくなりますが、コメントなどがなく、とても見づらいため、開発中に不具合が生じたときの動作確認には向きません。

そこで、開発中は「min.js ではないもの」を使い、最後の段階で「min.js」に置き換えるといいでしょう。

jquery-1.12.3.js

```
…略…
(function( global, factory ) {
        if ( typeof module === "object" && typeof module.exports === "object" ) {
                // For CommonJS and CommonJS-like environments where a proper `window`
                // is present, execute the factory and get jQuery.
…略…
```

jquery-1.12.3.**min**.js

```
/*! jQuery v1.12.3 | (c) jQuery Foundation | jquery.org/license */!function(a,b)
{"object"==typeof module&&"object"==typeof module.exports?module.exports=a.document?b
(a,!0):function(a){if(!a.document)throw new Error("jQuery requires a window with a
document");return b(a)}:b(a)}("undefined"!=typeof window?window:this,function(a,b){var c=
[],d=a.document,e=c.slice,f=c.concat,g=c.push,h=c.indexOf,i=
{},j=i.toString,k=i.hasOwnProperty,l={},m="1.12.3",n=function(a,b){return new n.fn.…略…
```

空白やコメントなどを削って短くしたのが「min.js」。ファイル・サイズが小さく転送時間が短いので、本番環境では、このファイルを使う。デバッグしにくいので開発中は、「.js」のほうを使う。

「普通のファイル」と「min.js」との関係

3 ライセンス

「ライブラリ」には、著作権があります。とくに業務に使うときは、注意しなければなりません。

「ライセンス」は少し複雑で、ややこしい問題です。

実際に使うときは、たとえば、「IPAのOSSライセンスの比較、利用動向および係争に関する調査」(http://www.ipa.go.jp/osc/license2.html)などが参考になるでしょう。

本書で説明している「ライブラリ」は、基本的に、「ライセンス」と「著作権表記」を正しく行なえば、商用でも無料で使えるものを集めていますが、一部、制限があるものもあるので、実際に利用するときには、必ず、「ライセンス」を再確認してください。

オープンソースで使われる主な「ライセンス」を、**表1-1**に示します。

表 1-1　オープンソースで適用される主なライセンス

ライセンス名	概　要
GPLv3	コピーレフト（copyleft）と呼ばれるライセンス。利用する場合、自分が作ったコードのソースコードも公開することが求められる
LGPLv3	GPLv3 と似ているが、「ライブラリ」をリンクして（読み込んで）利用するだけなら、ソースコードの公開が求められない
MPL	LGPLv3 と似ているが、改変せずに独立した形で利用しているのなら、リンクでなく組み込んでしまっても、ソースコードの公開が求められない
BSD ライセンス	配布の際に、ライセンス本文、著作権表示などの提示が必要。「二条項」「三条項」「四条項」の 3 種類があり、条項によっては、さらに宣伝や販売促進のために開発者の名前を利用してはならないなどの制約を課すものもある
Apache License	BSD ライセンスと似ているが、「著作権」「特許」「商標」「帰属」などについての言及がある
MIT ライセンス	2 条項の BSD ライセンスとほぼ同じ。「ライセンス」と「著作権表記」さえすれば自由に使えるもので、もっとも使いやすいライセンス

大きな違いは、「ライブラリ」を利用する際、「自分が作ったソースコードの開示が必要かどうか」という点です。

表 1-2 に示すように、「GPLv3」はもっとも厳しく、組み合わせて使った「自分が作ったソースコードすべて」の開示が必要です。

「LGPLv3」は、それそれよりは少し緩和された「ライセンス」です。もし「ライブラリ」本体に手を加えたときには、そのソースコードの開示が必要ですが、「ライブラリ」とは関係ない「自分が作ったコード」は、開示する必要がありません。

表 1-1 に示した残る「ライセンス」では、「自分が作ったコード」を開示する必要は、まったくありません。

表 1-2　ソースコード開示の必要性

ライセンス	改良したコード	自分が書いたコード
GPLv3	開示必要	開示必要
LGPLv3	開示必要	開示不要
MPL	開示必要	開示不要
BSD ライセンス	開示不要	開示不要
Apache License	開示不要	開示不要
MIT ライセンス	開示不要	開示不要

■「ライセンス」の明記

多くの「ライセンス」では、「ライセンス」や「著作権」などの情報を、そのまま表記することが求められます。

オープンソースの「ライセンス」を採用する「ライブラリ」は、配布物の中に「COPYING」「COPYRIGHT」「LICENSE」「README」などのファイルが含まれているのが慣例です。

それらのファイルに「ライセンス条項」が記載されているので、ユーザーから見えるようにサーバなどに配置します。

多くの場合、ドキュメントの扱いとして、ソースコードやマニュアルなどに記載しますが、アプリの場合は「ヘルプ画面」から見れるようにすることもあります。

web システム用ライブラリ

　インターネットには、たくさんのオープンソースのライブラリがあります。
　ここでは、それらのなかから、便利でよく使われるものを紹介していきます。

1 Bootstrap3

見栄えを良くするCSS集

見栄えが良く、使い勝手に優れたWebシステムの構築には手間がかかります。その手間を軽減するのが、「Bootstrap3」です。
「Bootstrap3」は、「CSS」や「JavaScript」のライブラリですが、適当な「CSSクラス」を選ぶだけで、見栄えの良いユーザー・インターフェイスを作ることができます。

URL	http://getbootstrap.com/
開発者	Twitter, Inc
ライセンス	MITライセンス

■「グリッド・レイアウト」を採用したCSSスタイル

HTMLのレイアウトを整えるには、「CSS」(Cascading Style Sheets)を使います。「CSS」では、文字の「色」や「大きさ」、「行間」「罫線」「列の幅」「段組」などを、細かく設定できます。

ところが、これらの設定は難しく、慣れるまでが大変です。
また、たとえCSSの文法を理解したとしても、デザイン的なセンスがなければ、見栄えのいいものは作れません。
そこで利用を検討したいのが「Bootstrap3」です。

●「クラス」を適用するだけで見栄えが良くなる

「Bootstrap3」では、数多くの「CSSクラス」が定義されています。
それらの「CSSクラス」を「HTML要素」に適用するだけで、見栄えのいいユーザー・インターフェイスが作れます。

たとえば、**List1-1**は、「table要素」を使って「テーブル(表)」を表示する例です。

「Bootstrap3」は、「スタイルシート」として提供されており、次のようにして読み込みます。

```
<link rel="stylesheet" href="//netdna.bootstrapcdn.com/bootstrap/3.3.6/css/bootstrap.min.css">
```

※「3.3.6」はバージョン番号。

これは「MaxCDN」と呼ばれる「CDN サイト」から「ライブラリ」を読み込む場合の例です。

memo 「CDN」(Contents Delivery Network) は、さまざまなコンテンツを各地のサーバでキャッシュして、近いサーバからダウンロードすることで高速にダウンロードする仕組みです。

「CDN サイト」を利用するのではなく、「bootstrap.min.css」をあらかじめダウンロードしてサーバに配置しておき、そのサーバから読み込んでもかまいません。Bootstrap3 のファイル一式は、ダウンロードサイト (http://getbootstrap.com/getting-started/) からダウンロードできます。

「表」を構成する「table 要素」では、次のように、「table クラス」「table bordered クラス」「table-borderd クラス」を指定しました。

```
<table class="table table-striped table-bordered">
```

これらの「クラス」を適用すると、「表」が縞模様になります。適用したときと、適用しないときとで、見栄えの違いは明らかです (**図 1-1**)。

このように、「あらかじめ用意された CSS クラスを適用するだけで、見栄えが格段と良くなる」というのが、「Bootstrap3」の**第一のメリット**です。

List 1-1 「Bootstrap3」の利用例

```
<html>
<head>
  <link rel="stylesheet" href="//netdna.bootstrapcdn.com/
bootstrap/3.3.6/css/bootstrap.min.css">
</head>
<body>
<div class="container">
  <h1> 人口一覧 </h1>
  <table class="table table-striped table-bordered">
    <tr><th> 東京都 </th><td>1300 万人 </td></tr>
    <tr><th> 神奈川県 </th><td>900 万人 </td></tr>
    <tr><th> 大阪府 </th><td>800 万人 </td></tr>
```

```
  </table>
</table>
</body>
</html>
```

人口一覧

東京都 1300万人
神奈川県 900万人
大阪府 800万人

人口一覧

東京都	1300万人
神奈川県	900万人
大阪府	800万人

図 1-1 「Bootstrap3」を適用していないとき(左)と、適用したとき(右)

●「グリッド・レイアウト」で段組が容易

第二のメリットは、「段組みが容易」という点です。

「Bootstrap3」では、横方向を12分割した「グリッド・レイアウト」を採用しています。

「グリッド・レイアウト」を構成するクラスには、たとえば、「col-xs-1」(12分の1の幅)、「col-xs-2」(12分の2の幅)、…、「col-xs-12」(12分の12の幅)があります。

これらのクラスを使って、**List1-2**のように構成すると、「3段組み」が簡単に実現できます(**図 1-2**)。

List 1-2では、

```
<div class="col-xs-4" style="border:1px solid">1段目</div>
```

のように、「col-xs-4」というクラスを適用しました。

これは12分の4の幅、つまり、全体の3分の1の幅を占めるので、「3段組み」になります。

ここでは説明しませんが、「段組み」以外にも、「左寄せ」「右寄せ」「センタリング」のクラスも提供されており、段落の揃えがとても簡単なのも、「Bootstrap3」の特徴です。

なお、**List 1-2**では、結果を分かりやすくするため、「style="border:1px solid"」を指定して、「罫線」を描いています。この指定がなければ、「罫線」は引かれません。

List 1-2　段組みの例（抜粋）

```
<h1> テスト </h1>
<div class="row">
  <div class="col-xs-4" style="border:1px solid">1段目 </div>
  <div class="col-xs-4" style="border:1px solid">2段目 </div>
  <div class="col-xs-4" style="border:1px solid">3段目 </div>
</div>
```

テスト		
1段目	2段目	3段目

図 1-2　List 1-2 の実行結果

■「レスポンシブ・デザイン」にも対応

最近は、「PC」「スマホ」「タブレット」などの「ブラウザの幅」に応じて、使いやすいレイアウトに切り替える、「レスポンシブ・デザイン」（responsive design）が流行っています。

「Bootstrap3」は、デフォルトで、「レスポンシブ・デザイン」に対応しており、デザインを次の4つの幅を境に、切り替えることができます。

① Extra small（～768px）	接頭辞「col-xs-」
② Small（768px～992px）	接頭辞「col-sm-」
③ Medium（992px～1200px）	接頭辞「col-md-」
④ Large（1200px～）	接頭辞「col-lg-」

List 1-2 に示した段組の例では、これらの接頭辞のうち①の「col-xs-」だけを使いました。

この指定だけをしたときには、どのような幅でも、該当のクラスが適用されます。

しかし、たとえば、

```
<div class="row">
  <div class="col-xs-12 col-sm-6 col-md-4 col-lg-3"
   style="border:1px solid">1段目 </div>
  <div class="col-xs-12 col-sm-6 col-md-4 col-lg-3"
   style="border:1px solid">2段目 </div>
  <div class="col-xs-12 col-sm-6 col-md-4 col-lg-3"
   style="border:1px solid">3段目 </div>
```

```
  <div class="col-xs-12 col-sm-6 col-md-4 col-lg-3"
    style="border:1px solid">4 段目 </div>
</div>
```

のように、「col-xs-」「col-sm-」「col-md-」「col-lg-」を併用すると、Webブラウザの幅によって、それぞれが適用されるので、

---

① のときは「col-xs-12」が適用され「1 段組」
② のときは「col-sm-6」が適用され「2 段組」
③ のときは「col-md-4」が適用され「3 段組」
④ のときは「col-lg-3」が適用され「4 段組」

というように、ブラウザ幅に応じて、レイアウトが切り替わるようになります（図 1-3）。

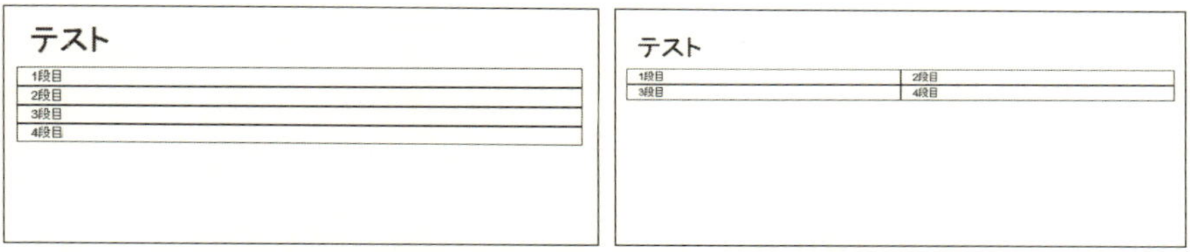

図 1-3　768px 以下のとき（左）と 768px ～ 992px のとき（右）

■ JavaScript を使ったコンポーネント

また、「Bootstrap3」では、CSS 以外にも、「各種アイコン」や「コンポーネント」も提供されます。

「コンポーネント」は、JavaScript を使ったもので、たとえば、「ドロップダウン・リスト」や「ポップアップ・メニュー」「ダイアログボックス」「カルーセル」（画像が左右にスクロールして切り替わるコントロール）などがあります（List 1-3、図 1-4）。

List 1-3　ドロップダウン・リストの例（抜粋）

```
<div class="dropdown">
  <button class="btn btn-primary dropdown-toggle"
    type="button" data-toggle="dropdown">
  ドロップダウン・リスト <span class="caret"></span>
  </button>
  <ul class="dropdown-menu">
    <li><a href="link01.html"> リンク 1</a></li>
```

```
    <li><a href="link02.html">リンク2</a></li>
    <li><a href="link03.html">リンク3</a></li>
  </ul>
</div>
<script src="http://code.jquery.com/jquery-1.11.0.min.js"></
script>
<script src="//netdna.bootstrapcdn.com/bootstrap/3.3.6/js/
bootstrap.min.js"></script>
```

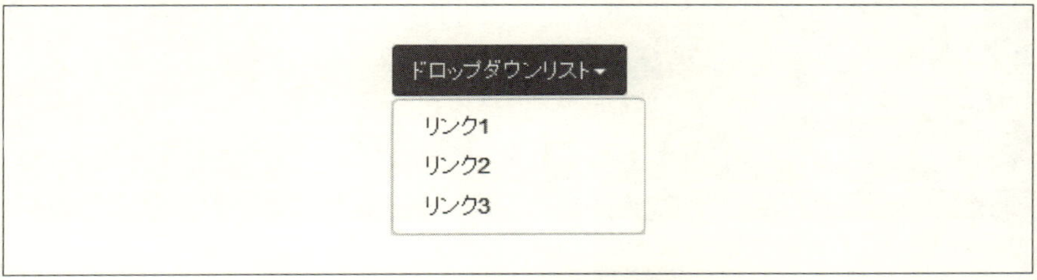

ドロップダウンリスト
リンク1
リンク2
リンク3

図 1-4　List1-3の実行結果

■ デザインが苦手なプログラマーにお勧めしたいツール

「Bootstrap3」は利用者が多く、さまざまな分野の利用例やテンプレートが提供されているのも特徴です。

テンプレートを差し替えれば、見栄えがガラリと変わります。もちろんテンプレートは自分で作ることもできます。

また、Bootstrap3のWebサイトでは、カスタマイズした自分専用のBootstrap3をダウンロードする機能もあります。

http://getbootstrap.com/customize/

最近は、Webシステムのための「管理画面集」など、実務で使えそうなテンプレートの提供サイトも、いくつか登場しています（たとえば、http://vinceg.github.io/Bootstrap-Admin-Theme/など）。

*

プログラマーはデザインの専門家ではありませんが、ある程度の品質のデザインでないと、使うユーザーにストレスを与えます。

CSSを適用するだけでデザインできる「Bootstrap3」は、デザインが苦手なプログラマーにとって、手放せないツールとなるはずです。

2 Smarty

テンプレート出力

Webシステムでは、ユーザーに「HTML」を出力しますが、きれいなレイアウトにするにはデザインが必要です。

しかし、「HTML」の出力が「プログラム」に埋め込まれていると、「デザイナー」には手出しできません。

そこで必要となるのが、「HTMLを別ファイルにする」という構成です。

そのときに使うのが、「テンプレート・エンジン」です。

URL	http://www.smarty.net/
開発者	New Digital Group
ライセンス	LGPL

■「テンプレート・エンジン」の仕組み

「テンプレート・エンジン」は、いわば「帳票印刷」のようなものです。

データを差し込む「枠」を、あらかじめテンプレートとして用意しておき、そこに、プログラムからデータを埋め込みます。

すると、そのデータが展開され、最終的な出力を得ることができます（**図2-1**）。

このようにすることで、「デザイナー」と「プログラマー」の分業が実現できます。

「デザイナー」は、テンプレートを修正していくことで、見栄えを良くできます。

また、文言の修正が生じたときも、テンプレートの修正だけですみます。

● HTML出力以外にも使える

「テンプレート・エンジン」は、「HTMLにテキストを埋め込む」ことだけに特化しているわけではありません。

（a）「RSSデータを出力する際の雛形」や（b）「メールを送信するときの雛形」、さらには（c）「CSV形式」や「XML形式」「JSON形式」のデータを出力する際の雛形 —— など、幅広く使えます。

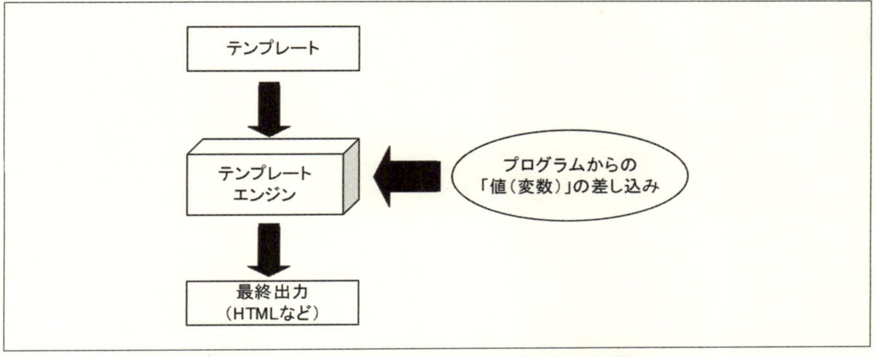

図2-1 「テンプレート・エンジン」の仕組み

■「Smarty」を使ってみる

「Smarty」は、「PHP」のライブラリとして提供されています。
ライブラリをダウンロードし、適当なディレクトリに配置してください。

手順 「Smarty」のインクルードとオブジェクトの生成

[1] 「Smarty」を使うには、まず、次のように「Smartyライブラリ」をインクルードします。

```
require_once('smarty/libs/Smarty.class.php');
```

[2] そして、次のようにして、「Smartyオブジェクト」を作ります。

```
$smarty = new Smarty();
```

●「ディレクトリ構成」の設定

「Smarty」を使うには、いくつかの「ディレクトリ設定」が必要です。

次のディレクトリを、「Smartyオブジェクト」のメソッドで指定していきます。

＊

下記のディレクトリは、「エンドユーザーからは見えない場所（Webから直接アクセスできない場所）」に設置するのが原則です。

たとえば、**List 2-1**の例では、「C:¥mysmartydir」というディレクトリ以下に置くようにしています。

> ※ エンドユーザーから見える場所に置くと、そのファイルが覗き見られてしまう可能性があるからです。なお、すべてのディレクトリをまとめて一箇所に置かなければならないわけではありません。下記のディレクトリは、それぞれ別の場所に配置してもかまいません。

---

① Configディレクトリ

Smartyの設定ファイルを置くディレクトリ。

② Templateディレクトリ

Smartyの各種「テンプレート・ファイル」を置くディレクトリ。

③ Compileディレクトリ

②の「テンプレート・ファイル」は、最初に使われるときに、PHPの「ソース・コード」に変換される。

その変換後のコードを格納するディレクトリ。

> このディレクトリは、「Webの実行ユーザー（たとえば、apacheユーザーなど）」に対して、「書き込み権限」がないといけません。
> 「書き込み権限」を与えるには、このディレクトリに対して、chmodコマンドで「777」の権限を与えておくなどしてください。

④ Cacheディレクトリ

差し込まれた後のデータを保存しておくキャッシュ・ディレクトリ。

> ③と同様に、「Webの実行ユーザー」に対して、書き込み権限が必要です。

List 2-1 「Smarty」の初期化とディレクトリ構成の設定

```
// Smarty オブジェクトを作る
require_once('smarty/libs/Smarty.class.php');
$smarty = new Smarty();

// ディレクトリを設定する
//（ディレクトリは実在する必要がある）
$basedir = 'C:¥¥mysmartydir';
$smarty->setConfigDir($basedir .
  DIRECTORY_SEPARATOR . 'config');
$smarty->setTemplateDir($basedir .
  DIRECTORY_SEPARATOR . 'template');
//（下記の 2 つは、書き込み権限が必要）
$smarty->setCompileDir($basedir .
  DIRECTORY_SEPARATOR . 'compile');
$smarty->setCacheDir($basedir .
  DIRECTORY_SEPARATOR . 'cache');
```

■「テンプレート」を作る

準備が整ったら、「テンプレート」を作りましょう。

＊

「テンプレート」は、たとえば、**List 2-2** のように用意します。
慣例的に「*.tpl」という拡張子を付けることが、ほとんどです。

「Smarty」の場合、「値を差し込む箇所」は、「{$ 変数名 }」というように表記します。

「{if}」や「{foreach}」など、「{}」で囲まれる部分は、「Smarty」のコマンドとして動作します。

＊

「Smarty」には、たくさんの構文がありますが、**List 2-2** では、次の構文を使っています。

---

① 値の差し込み

「{$ 変数名 }」は、プログラムから差し込む値を、その場所に出力します。

```
{$username|escape:html}
```

のように「|escape:html」を指定すると、HTML エスケープ（「<」を「<」に、「>」を「>」といったように、特殊文字を置換する処理）が実施されます。

② ループ処理

「{foreach} ～ {/foreach}」は、「ループ構文」です。
指定した配列を展開して、ループ処理します。

```
{foreach $carts as $row}
…ループ処理…
{/foreach}
```

③ 条件判定

「{if}{else}{/if}」は、条件判定です。

```
{if $row.hasStock} あり
{else} なし {/if}
```

List 2-2　Smarty テンプレートの例（index.tpl）

```
<html>
<body>
{$username|escape:html} 様
<table border="1">
<tr><th> 商品名 </th><th> 価格 </th><th> 在庫 </th></tr>
{foreach $carts as $row}
  <tr>
  <td>{$row.name|escape:html}</td>
  <td>{$row.price|escape:html}</td>
  <td>
  {if $row.hasStock} あり
  {else} なし {/if}
  </td>
  </tr>
{/foreach}
</table>
</body>
</html>
```

■ 値を差し込んで、出力する

実際に出力するには、たとえば、**List 2-3** のようにします。

① 値を差し込む

テンプレートに差し込む値は、「assign メソッド」で差し込みます。

```
$smarty->assign('username', '山田二郎');
```

② 出力する

すべての値を差し込み終わったら、「display メソッド」を呼び出します。

```
$smarty->display('index.tpl');
```

すると、テンプレートに出力した結果が、画面に表示されます（**図 2-2**）。

> ※ display メソッドの代わりに fetch メソッドを使うと、画面に表示するのではなく、結果を文字列として取得できます。

List 2-3　値を差し込む（List 2-1 の続き）

```
// 値を埋め込む
$smarty->assign('username', '山田二郎');

$data = array(
  array('name' => '製品A', 'price' => '10000', 'hasStock' => 1),
  array('name' => '製品B', 'price' => '15000', 'hasStock' => 0),
  array('name' => '製品C', 'price' => '12000', 'hasStock' => 1),
);
$smarty->assign('carts', $data);

// 出力する（index.tpl は、
// 上記 template ディレクトリに置いておく）
$smarty->display('index.tpl');
```

山田二郎様

商品名	価格	在庫
製品A	10000	あり
製品B	15000	なし
製品C	12000	あり

図 2-2　List 2-6　出力例

■テンプレート処理はプログラムに必須

「デザイナーとの分業」や「細かい文言の修正」を素早く実現するため、「テンプレート・エンジン」は、開発に必須とも言えます。

＊

今回は、「PHP」のSmartyを紹介しましたが、もちろん、「Perl」「Ruby」「Java」「JavaScript」など、他の言語の「テンプレート・エンジン」もあります。

表2-1　主なテンプレート・エンジン

エンジン名	言語	入手先
HTML::Template	Perl	http://perldoc.jp/docs/modules/HTML-Template-2.6/HTML/Template.pod
Ruby on Rails	Ruby	http://rubyonrails.org/
Velocity	Java	http://velocity.apache.org/engine/releases/velocity-1.5/
FreeMarker	Java	http://freemarker.org/
Mustache	汎用	https://mustache.github.io/

なかでも、「Mustache」（マスタッシュ。口ひげの意味。「{」を回転するとひげの形に似ていることから名付けられた）は、さまざまなプログラミング言語に移植されている汎用のテンプレート・エンジンです。制御構文が十分でないというデメリットがありますが、異なる言語で同じテンプレートの文法でテンプレートを作りたいときに重宝します。

「テンプレート・エンジン」によって、細かい文法は違いますが、基本は、「Smarty」と同じです。

「差し込まれる場所」を「{}」や「[]」などの記号で括っておき、そこにプログラムから値が差し込まれる、という流れになります。

3 TinyMCE

自分のシステムにHTMLエディタを付ける

Webシステムでは、複数行の文字入力をするときに、「テキストボックス」(<textarea>)を用います。

「TinyMCE」は、普通の「textarea」で構成された「テキスト入力」部分を「HTMLエディタ」化するライブラリです。

JavaScriptだけで書かれており、「サーバ・サイド」のプログラムは必要ありません。

TinyMCE	http://www.tinymce.com/
開発者	Moxiecode Systems AB
ライセンス	LGPL

■「ブログ・ツール」のように「HTMLエディタ」を付ける

昔なら、「テキストボックス」(<textarea>)は、装飾のない「プレーン・テキスト形式」で充分だったのですが、このごろのユーザーは、それでは満足してくれません。

「文字の大きさを変えるとか、赤字とか太字とかの装飾はできない？」と言われることが多くなりました。

昔なら、「それなら、HTMLのタグ入力を許すようにします。太字だったら、<strong>で括ってください」と言って、おしまいでした。

しかし今はもう、そうはできません。

「WordPress」や「Movable Type」などの「CMSツール」(ブログ・ツール)を使っているユーザーが増えており、「タグなんて入力しなくても、WYSIWYGで実現できる」ということを知っているからです。

そんな場面で、このごろ、筆者がよく使うのが「TinyMCE」です。

*

たとえば、**List 3-1**のように使います。

List 3-1 では、「テキストボックス」に、「mytext」というクラス名を設定しています。

```
<textarea class="mytext" cols="40" rows="10"></textarea>
```

このとき、次のように、「tinymce.init メソッド」の呼び出しで、「selector:"textarea.mytext"」を指定すれば、この mytext というクラス名をもつ「テキストボックス」が「HTML エディタ化」されます。

```
tinymce.init({
    selector: "textarea.mytext",
```

この部分は要素を特定する「CSS セレクタ」であるため、もし、すべての「textarea」を「HTML エディタ」化したいのなら、クラス名を指定せず、

```
tinymce.init({
    selector: "textarea",
```

と記述することもできます。

図 3-1 は、「すべてのプラグイン (plugins)」「すべてのツール・バー (toolbar1、toolbar2)」を有効にしたときの、TinyMCE の実行例です。

> ※ TinyMCE の Web サイトには、操作デモがあり、実際に TinyMCE の動きを試せます。

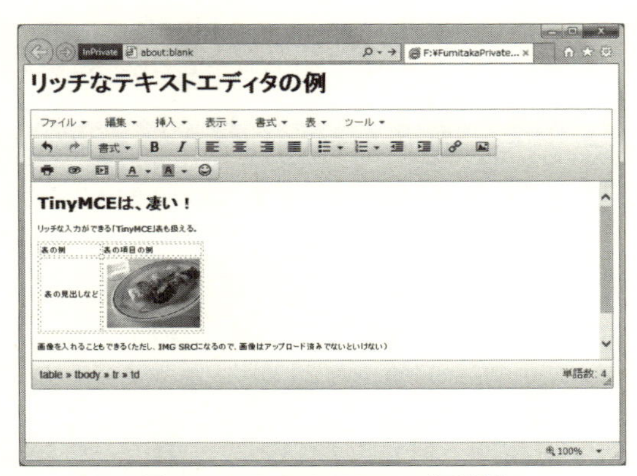

図 3-1 TinyMCE での編集例

操作体系は、「ワープロ・ソフト」と似ており、「図」や「表」「動画」などを入れることもできます。

実は、TinyMCEは、「Facebook」や「WordPress」などにも使われているライブラリです。

もしかすると、この入力画面に、見覚えがあるかもしれません。

List 3-1 「TinyMCE」の基本

```
<!-- TinyMCEの読み込み -->
<script src="tinymce/js/tinymce.min.js"></script>
<!-- 初期化 -->
<script type="text/javascript">
tinymce.init({
    // CSSセレクタを指定する
    selector: "textarea.mytext",
    language: 'ja',
    theme: "modern",
    plugins: [
      "advlist autolink lists",
      "link image charmap print",
      …略…
      "textcolor moxiemanager"
    ],
    toolbar1: "…略…（ツール・バーのボタン定義）",
    toolbar2: "…略…（ツール・バーのボタン定義）",
    image_advtab: true
 });
</script>
<!-- テキストボックス -->
<textarea class="mytext" cols="40" rows="10"></textarea>
```

■「Word」や「Excel」からの貼り付けにも対応

「TinyMCE」に入力された値は、それが「HTML文字列として得られる」というだけで、扱いは、普通の「textarea」と、まったく同じです。

ですから、既存の「Webシステム」も、「TinyMCE」を導入するだけで、容易にHTMLエディタ化できます。

サーバ側のプログラムを変更する必要がないのがうれしいところです。

> ※もちろん、HTMLタグを許さないようにしているなら、その部分の修正は必要です。

また、「TinyMCE」は、「Word」や「Excel」からの貼り付けにも対応しています。貼り付けたときには「書式」がそのまま活かされます。

いわゆる「Office 文書」をそのまま Web でも活用したいと思っているユーザーは、案外多いです。

このような、書式を保ったまま貼り付けることができる機能は、大きな売り文句になります。

■ 利用できる「タグ」を制限する

「TinyMCE」は、「plugins」オプションや「toolbar」オプションで、どのような「機能」を有効にし、どのようなボタンを表示するのかを、カスタマイズできます。

そして「CSS」を用意することで、見栄え（たとえば、「h1」「h2」などの「見出し」の文字の大きさなどの装飾）を変更できます。

*

もっとも大事なカスタマイズは、「利用できるタグの制限」です。

「Web システム」では、セキュリティ上の理由などから、「使えるタグ」を限定するのが一般的です。

※ たとえば、<script> はほとんどの場合、禁止します。

「TinyMCE」では、「タグ名」を列挙するだけで、「利用できるタグ」を制限できます。

もし複雑な書式での判定が必要なら、処理をフックして、「正規表現」で許容するかどうかを決めることもでき、柔軟性が高くなっています。

■「TinyMCE」は、万能ではない

ただし「TinyMCE」は、万能ではありません。需要が多いながらも、単体では実現できない機能が、「画像ファイルのアップロード」です。

「TinyMCE」では、画像や動画などにリンクを貼れます。

しかしそれらは、すでにインターネット上に存在することが前提です。

ファイル自体のアップロード機能はありません。

ファイルのアップロードをしたいなら、他のライブラリを併用しなければなりません。

「TinyMCE」を開発しているMoxiecode Systems AB社は、「MoxieManager」(http://www.moxiemanager.com/)という「ファイル・アップロード」のライブラリを提供しています。

こちらは「TinyMCE」と違って、有償の製品ではありますが、TinyMCEと連携して「画像をアップロードしつつ、そのリンクを埋め込む」ことができます。

「サムネイル」機能なども備えているため、画像を多く扱うときには、導入を検討するといいでしょう。

＊

筆者は、この「TinyMCE」を、「通販システム」を構築する際に、「商品を登録する管理ページにおいて、商品の紹介文を書くテキストボックス」などに活用しています。

「TinyMCE」が登場する前は、当然、「HTMLタグ」の直接入力だったため、ユーザーに不自由な操作を強いていました。

ちょっと「JavaScript」を埋め込むだけで、自分のシステムに「WYSIWYG対応のHTMLエディタ」を付けられるなんて、良い時代になったと思います。

図3-2 ファイルをアップロードできる「MoxieManager」
FTPのようにファイルをやりとりできる。サムネイルを見ながらの操作も可能。

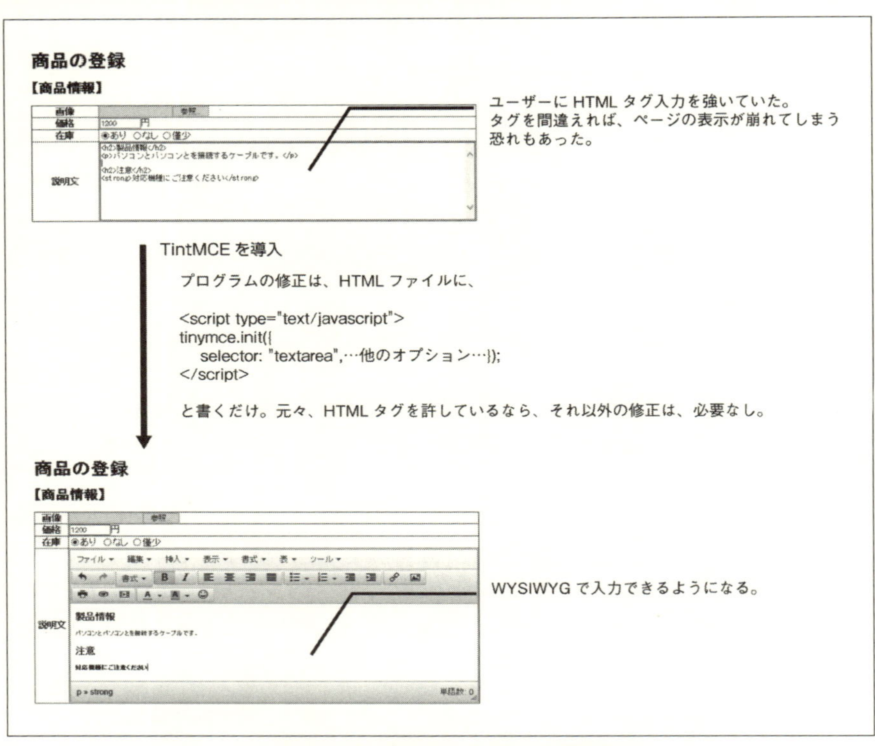

図 3-3 商品登録ページでの利用例
TinyMCE を導入すれば、HTML タグを入力しなくてすむようになる。

4 Select2

選択肢を選びやすくする

Webシステムでは、さまざまな選択に、select要素で構成された「ドロップダウン」を利用します。

しかし選択肢が多いと、縦に長くなってしまい、その中から目的のものを探すのが大変です。

そのようなときには、「文字入力すると、それが含まれるものだけに絞り込む機能」などを付けると、とても操作しやすくなります。

URL	https://select2.github.io/
開発者	Kevin Brown, Igor Vaynberg, and Select2 contributors
ライセンス	MIT ライセンス

※「Select2」には、いくつかのバージョンがあり、若干、使い方が異なります。ここでは、最新の「バージョン4.0.2」を用います。

■ テキストで絞り込めるようにする

HTMLの「select」要素で表現する「ドロップダウン」では、選択肢が多いと、目的のものを探すのが大変になります。

たとえば、「都道府県を選ぶ選択肢」は、49もの項目があります。この中から、目的のものを探すのは大変です。

「Select2」を使えば、この操作のしにくさを改善できます。

● テキストに合致するものだけに絞り込める

「Select2」には、いくつかの機能がありますが、代表的な機能が、「絞り込み機能を付ける」というものです。

HTMLのselect要素に「Select2ライブラリ」を適用すると（以下、これを「Select2化する」と表現する）、文字入力するエリアが現われ、入力した文字を「含む」ものだけが表示されるようになります。

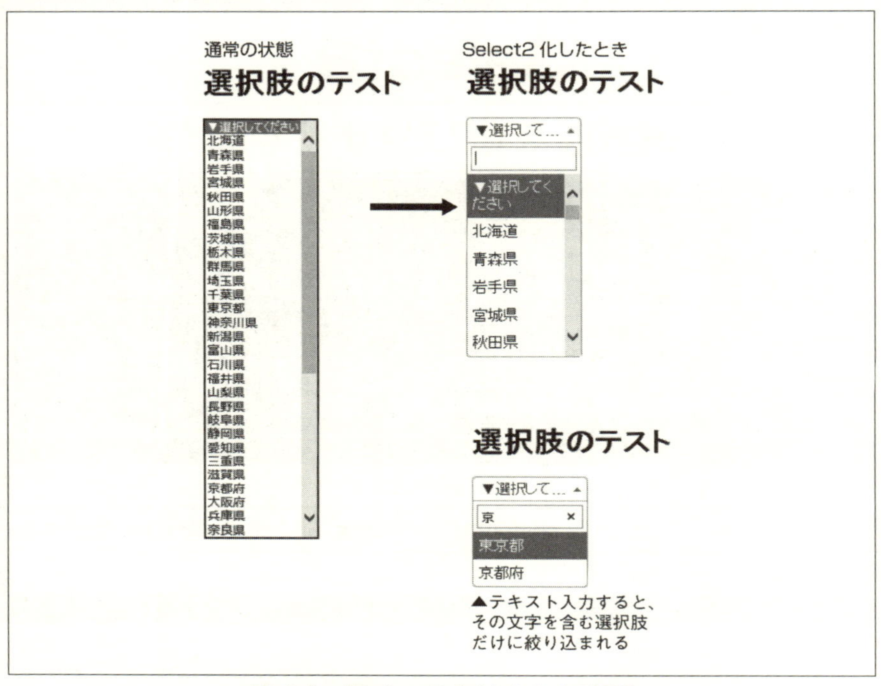

図 4-1 「Select2 化」したときの画面

●「Select2」化する

「Select2」化するのは、とても簡単です。

ライブラリを読み込み、select 要素に対して、「select2 メソッド」を呼び出すだけです。

＊

具体的なプログラムは、**List 4-1** のようになります。

まずは、CSS を読み込みます。

```
<link rel="stylesheet" href="css/select2.min.css">
```

「Select2 ライブラリ」は、jQuery を前提としています。そのため、「jQuery」と「Select2 ライブラリ」を順に読み込みます。

```
<script src="js/jquery.min.js"></script>
<script src="js/select2.min.js"></script>
```

「Select2」化したいselect要素には、適当な「id」の値を設定しておきます。

```
<select id="myselectbox" name="addr">
…略…
</select>
```

そして、この要素に対して「select2」メソッドを呼び出せば、「Select2」化され、**図4-1**に示した結果となります。

```
$('#myselectbox').select2();
```

ここでは要素を特定するのにid値を指定していますが、もちろん、idではなく、CSSクラスや要素名などで指定してもかまいません。たとえば、「$('select').select2();」とすれば、すべてのselect要素をまとめてSelect2化できます。

List 4-1 Select2化の基本

```
<html>
<head>
  <!-- CSSとJavaScriptの読み込み -->
  <link rel="stylesheet" href="css/select2.min.css">
  <script src="js/jquery.min.js"></script>
  <script src="js/select2.min.js"></script>
  <script>
  $(function(){
    // Select2化
    $('#myselectbox').select2();
  });
  </script>
</head>
<body>
<h1>選択肢のテスト</h1>
<select id="myselectbox" name="addr">
  <option value="">▼選択してください</option>
  <option value="北海道">北海道</option>
  <option value="青森県">青森県</option>
…略…
  <option value="沖縄県">沖縄県</option>
</select>
</body>
</html>
```

●「含む」でなく「始まる」にしたい

デフォルトでは「含まれる」ものが選択されますが、初期化する際にmatcherプロパティを設定すると、「から始まる」など、他の条件に変更できます。

たとえば、**List 4-2**のようにすると、「京」という文字で検索したときに、「京都」だけが絞り込まれ、「東京」は対象外となります。

List 4-2 「始まる」という条件に変更する例

```
$('#myselectbox').select2(
{
  matcher: function(params, data) {
    if ($.trim(params.term) === '') {
      return data;
    }
    // 「==0」で「から始まる」を示す（「> -1」なら含む）
    if (data.text.indexOf(params.term) == 0) {
      return data;
    }
    return null;

  }
);
```

● メッセージを日本語にする

見付からないときには「No results found」という英文メッセージが表示されます。

このメッセージは、言語設定するリソースを切り替えることで変更できます。

しかし、てっとり早く変更するには、**List 4-3**のように、「languageプロパティ」に含まれる「noResultsプロパティ」を変更します。

List 4-3 見付からないときのメッセージを変更する例

```
$('#myselectbox').select2(
{
  language: {
    noResults: function() {
      return '見つかりません';
    }
  }
});
```

■「複数項目の選択」と「項目の動的な追加」

「Select2」には、さらに便利な機能が、２つあります。

● クリックで複数項目を選択する

１つ目の便利機能は、項目を複数選択するときです。

select 要素では、

```
<select … multiple="multiple">
…
</select>
```

のように multiple 属性を指定することで、複数項目を選択できます。

しかしながら、この操作は、[Shift] キーや [Ctrl] キーを押しながら選択するため、「どうやって複数選択すればよいのか」が分かりにくく、このユーザー・インターフェイスは敬遠されがちです（そこで多くの場合、チェックボックスに代替して実装します）。

しかし、「Select2」を適用すると、クリックで選択でき、しかも選択された項目は四角形で示され、[×] をクリックすると取り除くというユーザー・インターフェイスを構築できます（**図 4-2**）。

＊

このようなユーザー・インターフェイスを構成するのに、特別な操作は必要ありません。

「multiple 属性」を付けた select 要素を「Select2 化」したときには、自動的に、このようなユーザー・インターフェイスになります。

その他、「select2 メソッド」を呼び出すときに、「maxSelectionLength」というオプションを指定すると、選べる最大項目数を制限できる機能もあります。

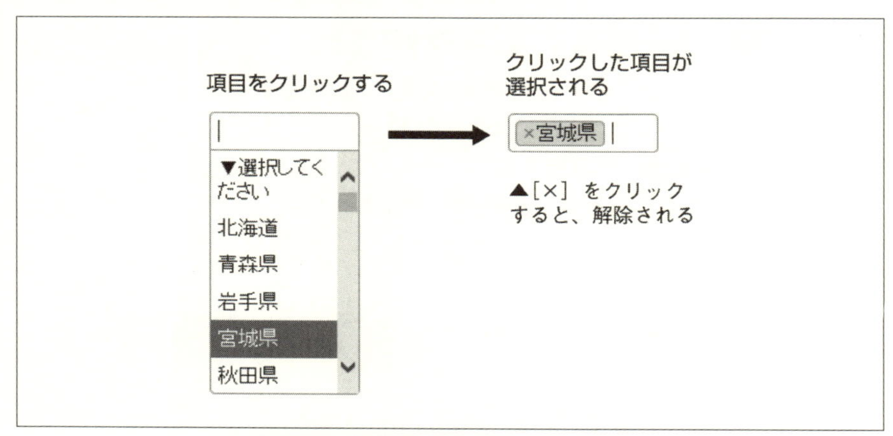

図 4-2 複数選択できるようにしたとき

● 選択項目を動的に追加する

ときには、ユーザーに選択項目を動的に追加できるようにしたいことがあります。

たとえば、「好きなもの」の選択肢をいくつか提供し、そこにないものは、追加したいという場合です。

一般に、そのようなユーザー・インターフェイスを構築したいのなら、[その他] などのテキストボックスを、select 要素とは別に用意し、そこに入力してもらうのが一般的です。

しかし「Select2 化」した select 要素なら、動的に追加できます。

動的に追加できるようにしたいときには、「select2 メソッド」を呼び出すときに、

```
$('#myselectbox').select2(
{
  tags : true
});
```

のように、「tags オプション」を「true」に設定します。

すると、**図 4-3** のように、テキスト入力した項目を追加できるようになります。

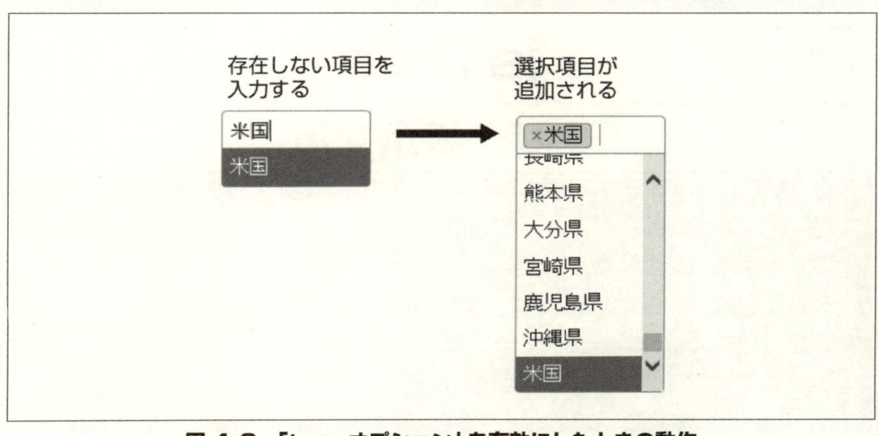

図 4-3 「tags オプション」を有効にしたときの動作

*

ほかにも、「Select2 ライブラリ」には、項目の HTML をテンプレート化して、テキスト以外の要素も出力できる機能があります。この機能を使うと、たとえば、選択肢の前に「アイコン」を付けるなどの操作ができます。

また、Ajax を使ってサーバ側から選択肢を読み込んだり、プログラムから「Select2 化」した要素を操作したり、ユーザーが選択項目を変更したときのイベント処理をしたりすることもできます。

これらの高度な機能も便利ではありますが、ここまで説明してきたように、「Select2」は、ほとんどプログラムを作らなくても、適用するだけで大きく操作感が向上するので、細部を作り込まなくても充分です。

自作の Web システムに、ぜひ使ってみてください。

5 jsTree

ツリー表示する

Webシステムでは、ファイル構造をはじめとした「ツリー構造」を表示したいことがあります。

「ツリー構造」を表示するには、階層の線を表示したりアイコンを表示したりするなど、自分で実装するのはたいへんです。

そこで利用したいのが、「ツリー表示」できるライブラリです。

ここでは、「jsTree」という「JavaScript」のライブラリを紹介します。

URL	https://www.jstree.com/
開発者	Ivan Bozhanov
ライセンス	MITライセンス

■簡単な操作でリスト構造をツリー化する

●jsTreeの準備

jsTreeのサイトから、jsTreeライブラリをダウンロードしてください。

```
https://www.jstree.com/
```

ダウンロードすると、ZIP形式のファイルが得られます。

ZIP形式のファイルを展開すると、「distディレクトリ」が出てきます。

利用には、この「distディレクトリ」だけが必要です。適当なディレクトリにコピーしてください。

ここでは、「distディレクトリ」という名称を変えずに、次のように展開したとします。

```
/dist
  ├themes　テーマのCSSが格納されている
  ├jstree.js　非圧縮のJavaScript
  └jstree.min.js　圧縮されたJavaScript
```

● jsTreeを使ってみる

では、「jsTree」を使ってみましょう(List 5-1)。
「jsTree」を使って「ツリー表示」をする手順は、次のようになります。

手順 「ツリー表示」する

[1]「JavaScript」と「CSS」を用意する

まずは、jsTreeを読み込んで利用できるようにします。

「jsTree」は「jQuery」(http://jquery.com)を前提としたライブラリなので、そちらも読み込みます。

```
<script src="//code.jquery.com/jquery-1.11.3.min.js"></script>
<script src="dist/jstree.min.js"></script>
```

※「1.11.3」はバージョン番号です。最新のものに合わせてください。

そして、「CSSファイル」を読み込みます。

「CSSファイル」は、「themesディレクトリ」にあります。
標準の「default」と、色を黒めにした「default-dark」が収録されていますが、ここでは「default」を使います。

```
<link rel="stylesheet" href="dist/themes/default/style.min.css">
```

[2] HTML要素を用意する

「jsTree」は、「ul要素」と「li要素」で指定されたリストをツリー化します。

そこで、まずは、ツリー化したい「HTML」を用意しておきます。

ツリー化したい箇所には、適当な「id属性」を付けて、JavaScriptからアクセスできるようにしておきます。
この例では、「tree」という名前を付けました。

```
<div id="tree">
  <ul>
    <li> ツリー 1</li>
    <li> ツリー 2</li>
    <li> ツリー 3
      <ul>
        <li> ツリー 3 の 1</li>
        <li> ツリー 3 の 2</li>
      </ul>
  </li>
</div>
```

[3] ツリー化する

[2] で用意した「HTML」の「トップの要素」(この例では、「<div id="tree">」)に対して、「jstree メソッド」を呼び出すと、ツリー化できます。

```
$('#tree').jstree();
```

実際にツリー化すると、**図 5-1** のように表示されます。

この例では、「ツリー 3」をネスト構造にしてあります。この場合、クリックすると、その下位階層が開きます。

ここでは紹介しませんが、表示されるアイコンは、項目ごとにカスタマイズすることもできます。

List 5-1　jsTree の使い方

```
<html>
<head>
<!-- [1] JavaScript と CSS の読み込み -->
<script src="jquery-1.11.3.min.js"></script>
<script src="dist/jstree.min.js"></script>
<link rel="stylesheet" href="dist/themes/default/style.min.css">

<!-- [3] jsTree 化 -->
<script>
  $(function() {
    $('#tree').jstree();
  })
```

```
</script>
</head>
<body>
<h1>jsTree の例 </h1>

<!-- [2] ツリー化する ul、li リスト -->
<div id="tree">
  <ul>
    <li> ツリー 1</li>
    <li> ツリー 2</li>
    <li> ツリー 3
      <ul>
        <li> ツリー 3 の 1</li>
        <li> ツリー 3 の 2</li>
      </ul>
  </li>
</div>

</body>
</html>
```

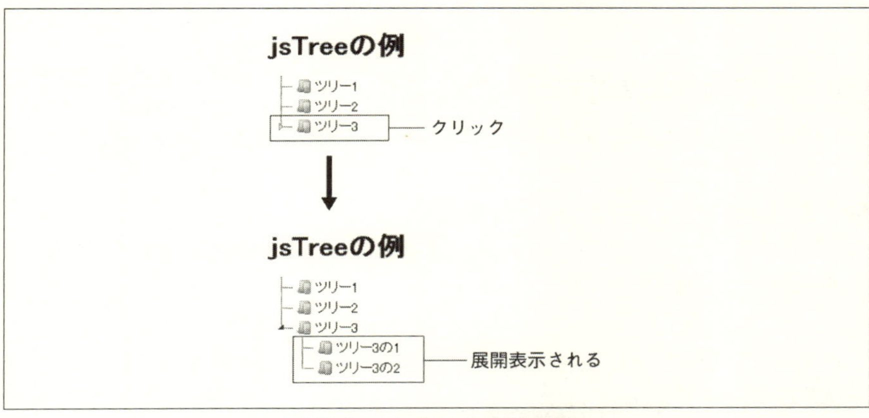

図 5-1 List 5-1 の実行結果

■ イベントを取り扱う

「jsTree」では、クリックされたときなどにイベントが発生します。

イベントの一覧は、下記のページに掲載されています。

https://www.jstree.com/api/#/?q=.jstree%20Event

● クリックされたときのイベントを捕らえる

たとえば、項目がクリックされることで、「選択されている項目が変わったとき」には、「changed.jstree」というイベントが発生します。

そこでたとえば、**List 5-2** のようにすると、クリックされて選択された項目名を表示できます。

List 5-2　クリックされたときの項目名を表示する

```
$(function() {
  $('#tree').jstree();
  $('#tree').on('changed.jstree', function(e, data) {
    result = [];
    jQuery.each(data.selected, function() {
      result.push(data.instance.get_node(this).text);
    });
    alert(result.join(','));
  });
})
```

■「オプション」や「プラグイン」を指定

jsTreeは、豊富なオプションとプラグインが提供されているのも特徴です。

●「オプション」と「プラグイン」を指定

「オプション」と「利用するプラグイン」は、「jstreeメソッドを呼び出す際の引数」として指定します。

たとえば、次のようにすると、「チェックボックス」が付き、複数の項目を選択できるようになります。

```
$('#tree').jstree(
  {"plugins" : ["checkbox"]}
);
```

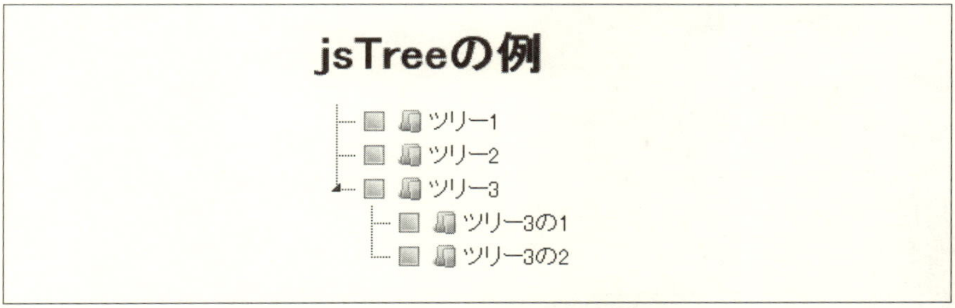

jsTreeの例

ツリー1
ツリー2
ツリー3
ツリー3の1
ツリー3の2

図 5-2 チェックボックスを付けた例

● 名前変更や削除、ドラッグ&ドロップに対応する

また、

- ・ツリーの名前の変更
- ・[Delete] キーを押しての削除
- ・ドラッグ&ドロップ操作での移動

などの操作も許可できます。

たとえば、「ドラッグ&ドロップ」できるようにするには、「dnd プラグイン」を指定します。

このとき、「ドラッグ&ドロップできるか」の判定に「check_callback メソッド」が呼び出されるので、「true」を返すように実装する必要があります。

check_callback メソッドで、要素を調査して真偽を返すメソッドを指定すれば、「特定の要素にはドラッグ&ドロップできない」という挙動にもできます。

ちなみに、普通に「ドラッグ&ドロップ」すると「移動」ですが、[Ctrl] キーを押しながらドラッグ&ドロップすると「コピー」になるなど、細かい配慮も実装されています。

※ オプションを指定することで、いつも「移動」や「コピー」の操作にすることもできます。

```
$('#tree').jstree(
  {
    "core": {
      "check_callback" : true
    },
    "plugins" : ["dnd"]
  }
);
```

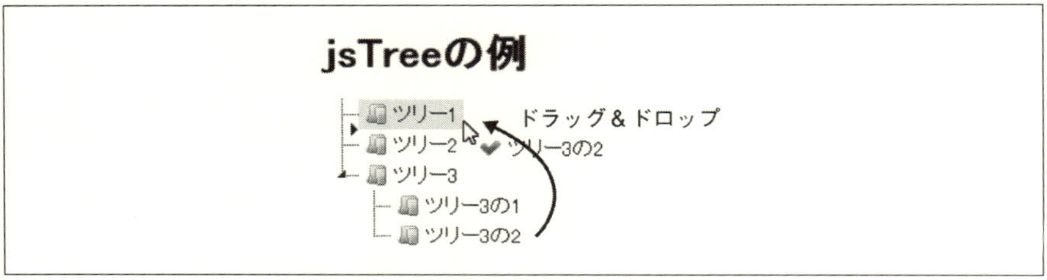

図 5-3　ドラッグ＆ドロップの例

＊

今回は、紹介しませんが、「jsTree」には、サーバから「Ajax のデータ」を読み込んで、それをツリー表示する機能もあります。

「Ajax データ」を利用する方法を使えば、表示する内容を動的に作る場合でも、処理しやすいはずです。

6 Chart.js

簡単にグラフを描く

最近は、「IoT」や「ビッグデータ」などの影響でデータを集める機会が多くなりました。それに伴い、グラフ化したい需要も増えています。

「Chart.js」を使うと、数値データを与えるだけで、「折れ線グラフ」や「棒グラフ」など、6種のグラフを描くことができます。

Chart.js	http://www.chartjs.org/
開発者	Nick Downie
ライセンス	MIT ライセンス

JavaScript Canvas to Blob	https://github.com/blueimp/JavaScript-Canvas-to-Blob
開発者	Sebastian Tschan
ライセンス	MIT ライセンス

FileSaver.js	https://github.com/eligrey/FileSaver.js
開発者	Eli Grey
ライセンス	MIT ライセンス

■ 6種のグラフが描ける

「Chart.js」は、HTML5の「canvas」をサポートするブラウザ（＝現在主流のブラウザのほぼすべて）で使えます。

● 「Chart.js」を準備する

「Chart.js」の使い方は、とても簡単です。

GitHubで提供されているので、下記からダウンロードしてください。

```
https://github.com/nnnick/Chart.js
```

アーカイブに含まれている「Chart.js」または「Chart.min.js」が、「Chart.js」の本体です。

他に依存するライブラリはないので、次のように読み込むだけで利用できます。

```
<script src="Chart.min.js">
</script>
```

■ 折れ線グラフを描いてみる

List 6-1 は、5日間の気温をグラフ化する例です（**図 6-1**）。

マウスポインタをデータの「点」に合わせると、その値がポップアップされる機能もあります。

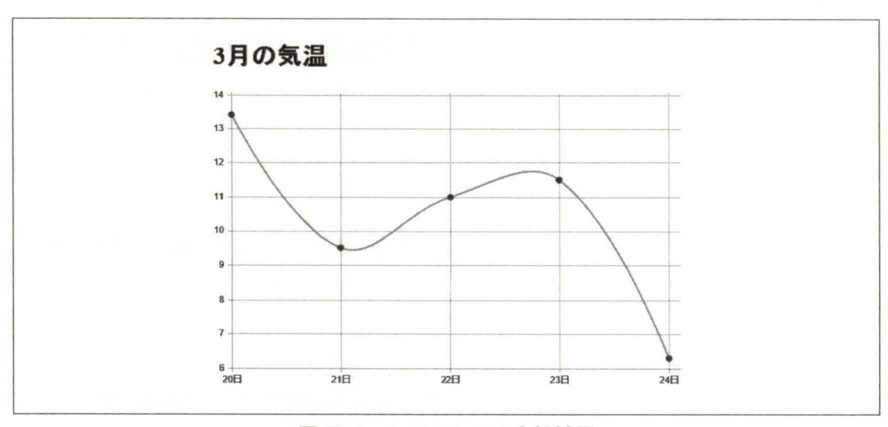

図 6-1　List 6-1 の実行結果

List 6-1 は、気象庁が公開している「毎日の全国データ一覧表」（http://www.data.jma.go.jp/obd/stats/data/mdrr/synopday/）を利用しました。

List 6-1　簡単な「折れ線グラフ」の例

```
<html>
<head>
<script src="Chart.min.js">
</script>
<script>
window.onload = function() {
  // データ
```

```
  var data = {
    labels : ["20日", "21日",
      "22日", "23日", "24日"],
    datasets: [
      {
        label : "東京",
        data: [13.4, 9.5, 11.0,
          11.5, 6.3]
      }
    ]
  };
  var options = {
    // 塗りつぶさない
     datasetFill : false
  };

  var ctx = document.getElementById(
    "myChart").getContext("2d");
  var chart = new Chart(ctx).Line(
    data, options);
</script>
</head>
<body>
<h1>3月の気温</h1>
<canvas id="myChart"
  width="600" height="400">
</canvas>
</body>
</html>
```

●「Canvas」にグラフを描く

グラフを描くには、まず、「Canvas」を用意します。

List 6-2 では、「myChart」という ID 属性を付けました。

```
<canvas id="myChart"
  width="600" height="400">
</canvas>
```

まず、この「Canvas」の描画領域を取得します。

```
var ctx = document.getElementById("myChart").getContext("2d");
```

そして、「Chart オブジェクト」を作ります。

「折れ線グラフ」の場合は、「Line」メソッドを呼び出すことで、グラフを描画できます。

```
var chart = new Chart(ctx).Line(
  data, options);
```

データは、

```
var data = {
  labels : ["20日", "21日",
    "22日", "23日", "24日"],
  datasets: [
    {
      label : "東京",
      data: [13.4, 9.5,
        11.0, 11.5, 6.3]
    }
  ]
};
```

のように、横軸のラベルを「labels」に、描画するデータを「datasets」に設定します。

オプションは、

```
var options = {
  // 塗りつぶさない
   datasetFill : false
};
```

とだけ指定してあります。

デフォルトでは、折れ線の下が塗りつぶされるのですが、「datasetFill」を「false」に指定することで、塗りつぶされず線だけ描画されます。

※ここでは折れ線グラフしか説明しませんが、他の種類のグラフも同じです。たとえばLineメソッドの代わりにBarメソッドを使うと、棒グラフを描けます。

■ グラフを改良する

グラフは、さまざまな形に改良できます。

● グラフを重ねる

「datasets」に複数のデータを与えれば、それらを重ねて描画できます。

同じ色だと分かりにくいので、オプションを指定して、色を変更したほうがいいでしょう(**図 6-2**)。

```
datasets: [
  {
    label : "東京",
    strokeColor :
      "rgba(220, 220, 220, 1)",
    pointColor :
      "rgba(220, 220, 220, 1)",
    data: [13.4, 9.5,
      11.0, 11.5, 6.3]
  },
  {
    label : "札幌",
    strokeColor :
      "rgba(151, 187, 205, 1)",
    pointColor :
      "rgba(151, 187, 205, 1)",
    data: [1.1, 0.1,
      2.4, 1.8, 1.0]
  },
]
```

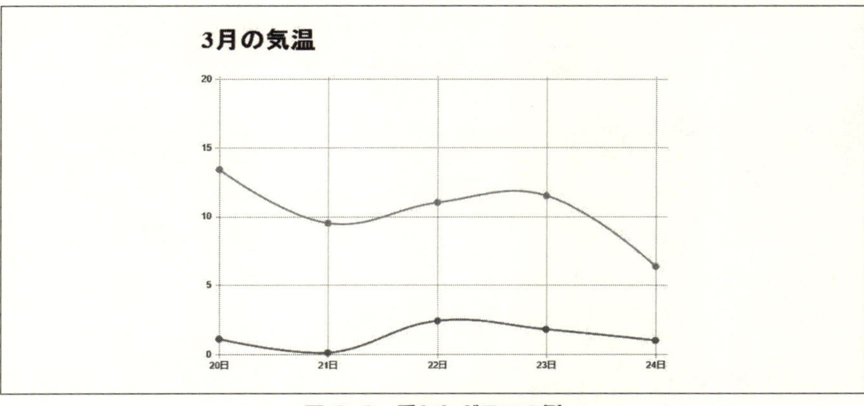

図 6-2 重ねたグラフの例

● 凡例を表示する

グラフを重ねるときは、凡例を表示したいことでしょう。そのようなときには、「generateLegend」メソッドを使います。

＊

まずは、HTML上に、次のように、凡例を描画する場所を用意しておきます。

ここでは、「memo」というIDをもつ「div要素」にしました。

```
<canvas id="myChart" width="600" height="400"></canvas>
<div id="memo"></div>
```

そして、このdiv要素に対して、

```
document.getElementById("memo").innerHTML = chart.generateLegend();
```

のように「generateLegend」メソッドの戻り値を設定すると、凡例が差し込まれます。

凡例の書式は、legendTemplateオプションで変更できます。

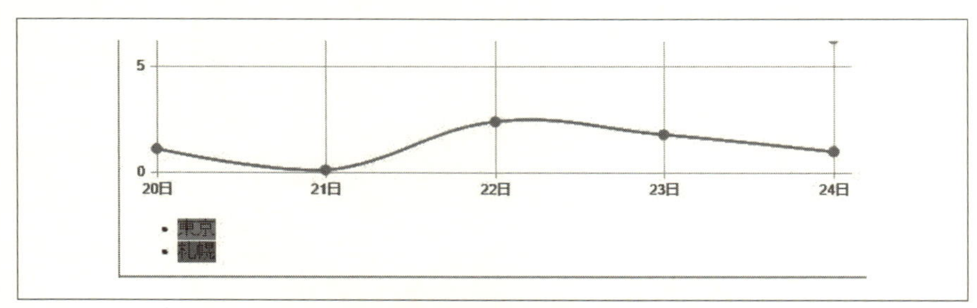

図6-3　凡例を表示した例

■ 画像としてダウンロードする

グラフを、画像としてダウンロードしたいときには、次のライブラリを併用します。

- **JavaScript Canvas to Blob**
  「Canvasデータ」を「Blobデータ」に変換します。

- **FileSaver.js**
  「Blobデータ」をダウンロードできるようにします。

たとえば、**List 6-2** のように記述します。

なお、「JavaScript Canvas to Blob」と「FileSaver.js」は、Chart.js とは関係ない汎用的なライブラリです。

「Canvas」を「Blob データ」に変換してダウンロードさせたいときは、いつでも利用できます。

List 6-2　ファイルとしてダウンロードする例

```
<script src="canvas-ToBlob.js">
</script>
<script src="FileSaver.js">
</script>
<script>
function download() {
  document.getElementById(
    "myChart").toBlob(
    function(blob) {
      saveAs(blob, "Test.png"),
        "image/png"
  });
}
</script>

<input type="button"
  onclick="download()"
  value="画像としてダウンロード">
```

7 Dropzone

「ドラッグ&ドロップ」で非同期にファイルを転送する

フォームから「ファイルをアップロードする」ときには、サイズが大きいと、アップロードが終わるまで、相当待たされることがあります。

これを緩和するのが、「非同期なアップロード」です。

この「非同期アップロード」を「ドラッグ&ドロップ」操作で実現するのが、ここで紹介する「Dropzone.js」です。

URL	http://www.dropzonejs.com/
開発者	Matias Meno
ライセンス	MIT ライセンス

■サムネイルにも対応する非同期アップロード機能

利用するには、「github」から、「JavaScript ファイル」と「CSS ファイル」をダウンロードしてください。

```
https://github.com/enyo/dropzone
```

●「フォーム」を用意する

「Dropzone.js」は、単独で動作するライブラリです。他のライブラリを前提としません。

たとえば、**List 7-1** に示すフォームを作ると、「ドラッグ&ドロップ」でファイル送信できる枠が作られます。

「ドラッグ&ドロップ」を実現する枠の要素は、次の通りです。

```
<form action=" アップロード先のプログラム " class="dropzone"></form>
```

このようにクラス名に「dropzone」を付けたform要素を用意すれば、それが「ドラッグ&ドロップ」可能な枠となります。

アップロードの進捗は横棒の「プログレス・バー」として表示され、サムネイルも表示されます(図7-1)。

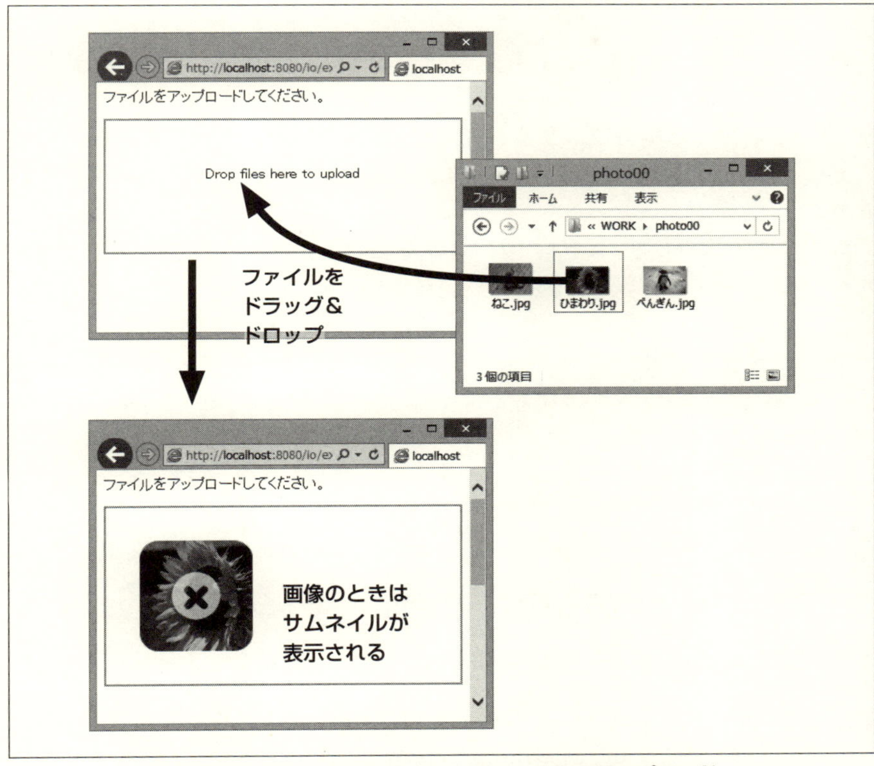

図7-1 「Dropzone.js」によるファイルのアップロード

サムネイルは、ブラウザ側で作られています。サーバ側で作って返しているのではありません。

List 7-1 「Dropzone.js」の基本的な利用例

```
<html><body>
<link href="dropzone.css" rel="stylesheet" type="text/css">
<script src="dropzone.js"></script>
<p> ファイルをアップロードしてください。</p>
<form action=" アップロード先のプログラム " class="dropzone"
 style="border-style:solid;border-width=1px"
>
</form>
</body></html>
```

●受け取るサーバ側のプログラムを用意

もっとも、これだけでは、アップロードしたファイルはサーバに保存されません。

保存されるようにするには、ファイルを受け取るサーバ側にもプログラムが必要です。

ファイルを受け取るプログラムの作り方は、普通のフォームにおける「ファイル・アップロード」で使われる「<input type="file">」の要素を使ったときのものと同じです。

*

ここでは、「PHP」で作ってみます。

たとえば、フォームの送信先を、次のように「upload.php」に変更します。

```
<form action="upload.php" class="dropzone"></form>
```

そして、「upload.php」を **List 7-2** に示すように用意します。

「Dropzone.js」のデフォルトの構成では、「file」という名前の「フィールド」――すなわち、「<input type name="file">」と同じ――として、ファイルが送信されます。

そこでPHPでは、「$_FILES['file']」を参照して、アップロードしたファイルを操作します。

> ※「Dropzone.js」は、「HTML5」のファイルのドラッグ&ドロップ機能によって実現されています。
> 　そのため、「IE10以降」などの「HTML5」対応ブラウザが必要です。
> 　ここでの説明は割愛しますが、<div class="fallback">という要素を使うと、非対応のブラウザでも、(ドラッグ&ドロップではなく)手動のフォームでのアップロードなら動作できる構成にできます。

※ List7-2 は、セキュリティを考慮していません。
　Windows の環境を想定しており、「C:¥tmp」フォルダに「クライアントからアップロードされた名前」でファイルを書き込んでいます。
「クライアントからアップロードされた名前」に不正な名前（たとえば「../」など）が含まれていると、他のディレクトリに任意のファイルを書き込める可能性があります。
　実運用では、「ファイル名のチェックをする」とか、「クライアント側から送信されたファイル名を採用せず、サーバ側で任意のファイル名を振る」などの処理が必要です。

List 7-2　upload.php

```
<?php
  $destdir = "C:¥¥tmp";
  if (isset($_FILES['file']['tmp_name']) &&
    $_FILES['file']['tmp_name']) {
  // アップロードされたファイルを処理する
  $target = $destdir . DIRECTORY_SEPARATOR .
    mb_convert_encoding($_FILES['file']['name'],
      'sjis', 'utf-8');
  move_uploaded_file($_FILES['file']['tmp_name'], $target);
}
?>
```

■「Dropzone」をカスタマイズする

「Dropzone」は、いくつかのオプションを設定して、挙動を変更できます。

＊

オプションを変更したいときは、「JavaScript」から操作します。

そのために、form 要素に適当な ID を付けます。
たとえば、次のように、「myform」という「ID」を付けます。

```
<form id="myform" action="upload.php" class="dropzone"></form>
```

そしてこの「ID」に対して「オプション」を変更するには、「Dropzone.options.ID＝{オプション名：値}」という表記を使います。

基本ライブラリ
UIを作る
Webシステム
フレームワーク
オフィスPDF
サーバで動かす
開発ツール

たとえば、**図 7-1** に表示されている「Drop files here to upload」の文字を変更するには、次のようにします。

```
<script>
  Dropzone.options.myform = {
    dictDefaultMessage : "ここにドロップしてください"
  };
</script>
```

この「スクリプト」は、「onloadイベントの処理」などでなく、「formの要素の直後」に、(イベント処理ではなく) 記述してください。
「onloadイベント」のときには、すでに「dictDefaultMessage」の文字が画面に出力されてしまった後だからです。

同様の方法で、「ファイルのアップロード最大サイズ」なども設定できます (デフォルトは「256MB」まで)。

■ アップロードしたファイルを削除できるようにする

ところで、デフォルトでは、一度ファイルをアップロードすると、それを削除できません。

しかし、オプションを設定すると、削除できるようになります。

*

それには、次の2つの設定をします。

---

① 削除リンクを付ける

オプションを変更し、削除のリンクが付くようにします。

② 削除リンクがクリックされたときにサーバ側で削除する

①の削除リンクがクリックされたときには、ブラウザ上では、アップロードしたファイルのサムネイルや一覧が消えますが、サーバ側のファイルは消えません。そこで「サーバ側」に、「ファイルを削除する処理をするプログラム」を用意しておき、それを呼び出すように実装します。

まずは、②の「ファイルを削除するプログラム」を「サーバ側」に用意します。

たとえば、「filename」パラメータに「削除したいファイル名」を指定したとき、それを削除するプログラムとして、「delete.php」を用意します（**List 7-3**）。

そして次に、「Dropzone」を制御するHTML側を**List 7-4**のように修正します。

*

①の「削除リンク」を用意するには、

```
addRemoveLinks: true
```

とします。

そして、その「削除リンク」がクリックされたときの「イベント処理」を記述します。

「イベント処理」は、

```
init: function() {
  this.on("イベント名", 関数);
}
```

のように定義します。

「削除リンクがクリックされたとき」には、「removedfile」というイベントが発生するので、

```
this.on("removedfile", function(file) {
  $.ajax( {
    type: 'POST',
    url : 'delete.php',
    data : {filename : file.name},
  });
  alert(file.name);
});
```

とします。

$ajaxは「jQuery」の機能で、Ajaxでサーバのプログラムを呼び出すメソッドです。ここでは、**List 7-3**の「delete.php」を呼び出すように構成しました。

このように構成することで、「削除のリンク」がクリックされたときに、「サーバ側のファイル」が削除されるようになります。

> ※「**List 7-3**」に提示したプログラムも、「**List 7-2**」のプログラムと同様にセキュリティ上の問題があります。
> 　実際に使うには、「ファイル名が正しいか」「サーバ側で本当にアップロードしたファイルと合致するか」などを比較して、不正なファイル操作がされないように考慮すべきです。

List 7-3　delete.php

```
<?php
$destdir = "C:\\tmp";
if (isset($_POST['filename']) && $_POST['filename']) {
  // ファイルを削除する
  $target = $destdir . DIRECTORY_SEPARATOR .
    mb_convert_encoding($_POST['filename'], 'sjis', 'utf-8');
  unlink($target);
}
?>
```

List 7-4　削除操作できるようにする

```
Dropzone.options.myform = {
  dictDefaultMessage : "ここにドロップしてください",
  addRemoveLinks : true,
  init: function() {
    this.on("removedfile", function(file) {
      $.ajax( {
        type: 'POST',
        url : 'delete.php',
        data : {filename : file.name},
      });
      alert(file.name);
    });
  }
};
```

8 Pixastic / ImageAreaSelect

Webでフォトレタッチする

写真の色調を補正したり、切り抜いたりするのは、「フォトレタッチ・ソフト」の仕事です。

しかし簡易な編集なら、Web上で実現できます。「Pixastic」は、「フォトレタッチ・ソフト」のように、「色調を調整」したり、「モザイク」や「ノイズ」をかけたり、「切り抜き」したりできるライブラリです。

Pixastic	https://github.com/jseidelin/pixastic
開発者	Jacob Seidelin
ライセンス	MPLライセンス

ImageAreaSelect	http://odyniec.net/projects/imgareaselect/
開発者	Michał Wojciechowski
ライセンス	MITライセンスおよびGPL

■画像に効果を与えるPixasticライブラリ

「Pixastic」は、画像にエフェクト効果を加えられるライブラリです。

●「モザイク」をかけてみる

「Pixastic」は、「JavaScript」だけで作られています。

「CGI」などの、「サーバ・サイド」でのプログラミングは必要ありません。HTMLから読み込むだけで使えます。

*

たとえば、**List 8-1**のプログラムを用意すると、画像にモザイクを掛けられます(図**8-1**)。

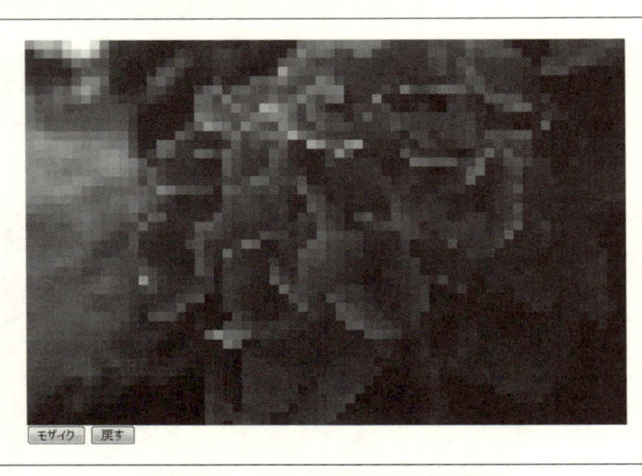

図 8-1　List 8-1 の実行結果

「Pixastic」本体は、次のファイルです。

```
<script type="text/javascript"
  src="pixastic-lib/pixastic.core.js"></script>
```

操作するエフェクトは、「actions ディレクトリ」に保存されています。

モザイク処理をしたいときは、次のように、「mosaic.js」を読み込みます。

```
<script type="text/javascript"
 src="pixastic-lib/actions/mosaic.js"></script>
```

「Pixastic」を使った補正処理は、

```
Pixastic.process(
  画像のエレメント , エフェクト名 ,
  {
    オプション…
  }
);
```

という書式です。

オプションは、エフェクトによって異なります。

モザイクの場合は、モザイクのサイズを指定する「blockSize」を指定できます。

モザイク以外のエフェクトも、**List 8-1** とほぼ同じ方法で利用できます。

List 8-1 Pixasticライブラリの利用例

```
<html>
<head>
<script type="text/javascript"
  src="pixastic-lib/pixastic.core.js"></script>
<script type="text/javascript"
  src="pixastic-lib/actions/mosaic.js"></script>
<script type="text/javascript">
function effectimage()
{
  var img = document.getElementById("myimage");
  Pixastic.process(
    img, "mosaic",
    {
      blockSize : 10
    }
  );
}
</script>
</head>
<body>
  <img src="fig01.jpg" id="myimage"><br>
  <input type="button" value="モザイク" onclick="effectimage();">
  <input type="button" value="戻す" onclick="Pixastic.revert
(document.getElementById('myimage'));">
</body>
</html>
```

● 画像を切り抜く

「Pixastic」では、画像を切り抜くこともできます。

切り抜きは「crop.js」が担当します。

```
<script type="text/javascript"
  src="pixastic-lib/actions/crop.js"></script>
```

たとえば次のようにすると、「座標（0,0）～（100,150）」の範囲で画像を切り抜けます。

```
Pixastic.process(
    img, "crop",
    {
      rect : {left : 0, top : 0, width : 100, height : 150}
    }
);
```

■ 画像の範囲指定をする「ImageAreaSelect」ライブラリ

画像を切り抜きたい場合、「マウスでドラッグして、その範囲で切り抜きたい」ということがほとんどでしょう。

それを実現するのが、「ImageAreaSelect」ライブラリです。

● 画像の範囲を選択して切り抜く

先に説明した「Pixastic」ライブラリと「ImageAreaSelect」ライブラリとを組み合わせ、マウスのドラッグ操作で画像を切り抜けるようにしたものが、**List 8-2** です。

範囲選択できるようにするには、「imgAreaSelect」メソッドを呼び出します。

すると、マウスで範囲選択できるようになります（**図8-2**）。

```
$('#myimage').imgAreaSelect({
  handles : true,
  autoHide : true,
  onSelectEnd : function(img,selection) {
    …選択が終了したときの処理…
  }
});
```

選択が完了したときには、「onSelectEnd」メソッドが呼び出されます。

```
onSelectEnd : function(img,selection)
```

ここで、「img」には「選択されたimg要素」のオブジェクトが、「selection」には「選択された領域」が、それぞれ格納されています。

選択された範囲は、「(selection.x1, selection.y1) ～ (selection.x2, selection.y2)」です。

「幅」と「高さ」は、それぞれ、「selection.width」と「selection.height」に格納されています。

List 8-2「ImageAreaSelect」ライブラリを使って、切り抜く

```
<html>
<head>
<link rel="stylesheet" type="text/css"
  href="css/imgareaselect-default.css"></link>
<script type="text/javascript"
  src="scripts/jquery.min.js"></script>
<script type="text/javascript"
  src="scripts/jquery.imgareaselect.pack.js"></script>
<script type="text/javascript"
  src="pixastic-lib/pixastic.core.js"></script>
<script type="text/javascript"
  src="pixastic-lib/actions/crop.js"></script>
<script type="text/javascript">
$(document).ready(function() {
  $('#myimage').imgAreaSelect({
    handles : true,
    autoHide : true,
    onSelectEnd : function(img,selection) {
      var result = Pixastic.process(
        img , "crop",
        {
          rect : {
            left : selection.x1,
            top : selection.y1,
            width : selection.width,
            height : selection.height
          }
        }
      );
      $('#imagedata').val(result.toDataURL());
    }
  });
});
</script>
</head>
<body>
  <img src="fig01.jpg" id="myimage">
  <form method="post" action="save.php">
    <input type="hidden" name="imagedata" id="imagedata">
    <input type="submit" value="アップロード">
  </form>
</body>
</html>
```

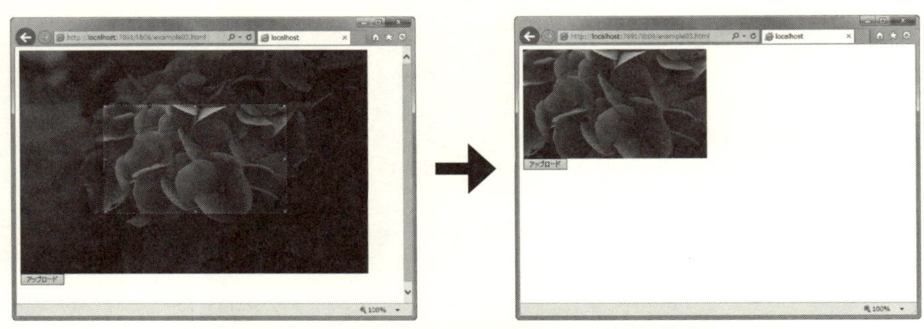

図8-2　画像を「マウス」で選択して、切り抜く

■編集した結果をサーバに転送する

List 8-2では、画像をアップロードする処理も実装しています。

アップロード用のフォームは、次のように用意しました。

画像データを設定するため、imagedataという名前およびIDのhiddenフィールドを設けています。

```
<form method="post" action="save.php">
  <input type="hidden" name="imagedata" id="imagedata">
  <input type="submit" value="アップロード">
</form>
```

*

List 8-2ではまず、「process」メソッドを呼び出して、切り抜かれた結果の「Canvas」オブジェクトを得ています。

```
var result = Pixastic.process(
    img , "crop",
  {
    rect : {
      left : selection.x1,
      top : selection.y1,
      width : selection.width,
      height : selection.height
    }
  }
);
```

「toDataURL」メソッドを呼び出すと、「Canvas」オブジェクトを「Base64」形式のデータに変換できます。この結果を、いま用意したhiddenフィールドに設定しています。

```
('#imagedata').val(result.toDataURL());
```

toDataURLメソッドで得られるデータは、

```
data:image/png;base64,iVBORw0KGgoAAAANSUhEUgAAAV…略…
```

のように、「data:image/png;base64」と「Base64化された画像のバイナリデータ」が「カンマ（,）」で区切られた文字列です。

そこでサーバ側では、**List 8-3**のように、「カンマよりも後ろの部分」を、「Base64」デコードしてファイルに書き込めば、画像ファイルとして保存できます。

List 8-3 送信された「Base64形式」の画像をデコードして、ファイルとして保存する例（save.php）

```
<?php
  $imgdata = explode(',', $_POST['imagedata']);
  file_put_contents("example.png", base64_decode($imgdata[1]));
?>
```

＊

もしブログなどのシステムを作っているのなら、ここで紹介した2つのライブラリを使って簡易な画像編集機能を搭載することで、使い勝手が圧倒的に良くなるはずです。

9 elFinder

ブラウザでサーバのファイルを操作する

Webシステムでは、サーバ側のファイルを操作する「ユーザー・インターフェイス」を提供したいことがあります。

ファイルをツリー構造で表示して、「削除」「リネーム」「移動」などもサポートしようとすると、実装が複雑になります。

そんなときに使いたいのが、サーバのファイルを操作する「ライブラリ」です。

URL	http://elfinder.org/
開発者	Studio 42
ライセンス	BSDライセンス

■ elFinderのセットアップ

「elFinder」は、MacOSの「Finder」のようなユーザー・インターフェイスを提供するファイル・エクスプローラです。

● 動作環境

クライアント側は、「jQuery」および「jQuery UI」を前提としたJava Scriptで実装されています。

「IE8以降」や「Safari 6以降」「Opera 12以降」「Chrome19以降」など、主要なブラウザで動作します。

サーバ側はPHPで実装されており、「PHP 5.2」以降が必要です。

> ※ サムネイルを生成したければ、GDライブラリまたはImageMagickライブラリが必要です。

●「elFinder」をダウンロードする

まずは、「elFinder」をダウンロードしましょう。

「elFinder」のサイトにアクセスし、右の「Download the latest」のボタンをクリックします。

すると、tar.gz形式で、実行に必要なファイル一式をダウンロードできます。

elFinderのサイト

http://elfinder.org/e

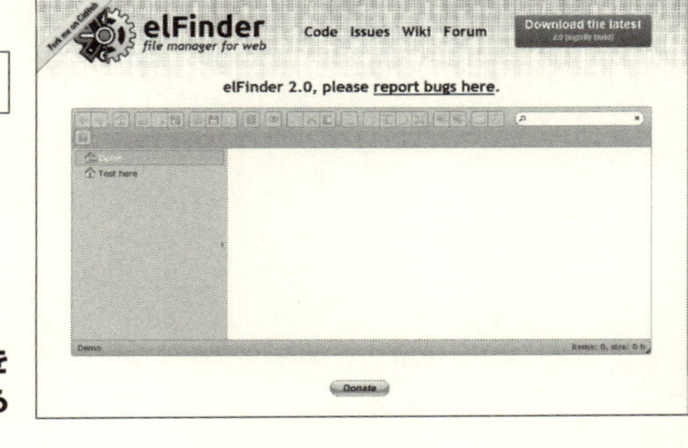

図9-1 「elFinder」をダウンロードする

● ファイルを配置する

ダウンロードした「tar.gzファイル」を展開し、Webサーバの適当なディレクトリに配置します。

すべてのファイルが必要ではありませんが、動作テストのときは、次のように、すべてをコピーしておくのが無難です。

```
/
│
│   Changelog
│   composer.json
│   elfinder.html
│   README.md
│
├── css
├── files
├── img
├── js
│   ├── i18n
│   └── proxy
├── php
│   └── plugins
│         ├── AutoResize
│         ├── Normalizer
│         ├── Sanitizer
│         └── Watermark
└── sounds
```

※ サブディレクトリ内のファイルの掲載は省略

■ elFinderを使ってみる

配置した「elfinder.html」がサンプルです。

Webブラウザで「elfinder.html」にアクセスすると、「elFinder」を使うことができます。

しかし、配置直後の状態では、「Unable to connect to backend. Backend not found.」というエラーが発生します。

これは、サーバ側のプログラムが見つからないのが原因です。

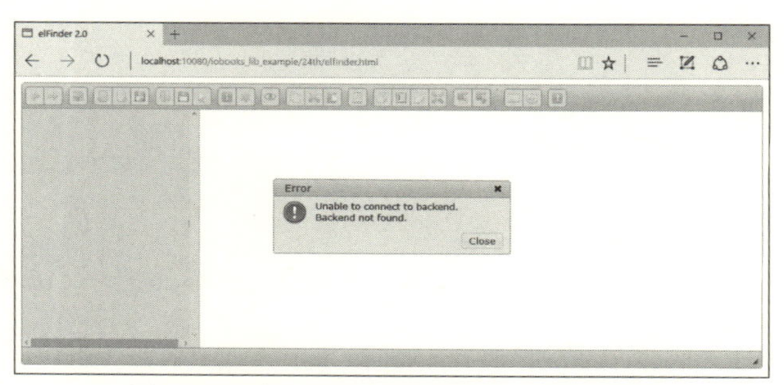

図9-2　デフォルトのままだとエラーが出る

● JavaScript側の設定をカスタマイズする

「elFinder」の設定は、「JavaScript側」と「PHP側」にあります。

「JavaScript側の設定」は、「elfinder.html」に、次のように記載されています。

```
<script type="text/javascript" charset="utf-8">
…略…
  $(document).ready(function() {
    $('#elfinder').elfinder({
      url : 'php/connector.minimal.php'
      // , lang: 'ru'
    });
  });
</script>
```

※ コメントは一部省略掲載

上記の「urlオプション」が、PHP側のプログラムです。このプログラムがないので、エラーが発生しています。

「url オプション」に対応するプログラムは、後述の手順で修正することにし、ここでは、「lang オプション」を「jp」に設定して、言語を日本語に変更しておきましょう。

つまり、次のように変更します。

```
$('#elfinder').elfinder({
  url : 'php/connector.minimal.php',
  lang : 'jp'
});
```

さらに、ソースのすぐ上にある、「i18n」ディレクトリからの、各言語設定ファイルの読み込みも、次のように変更しておきます。
これでユーザー・インターフェイスが「日本語化」されます。

```
<!-- elFinder translation (OPTIONAL) -->
<script src="js/i18n/elfinder.jp.js"></script>
```

● PHP 側の設定をカスタマイズする

呼び出される PHP のプログラムは、「php」ディレクトリにあります。
JavaScript から呼び出されるプログラムは、「Connector」と呼ばれます。

・Connector をリネームする

JavaScript 側では、「url オプション」で指定されているように、

```
php/connector.minimal.php
```

というファイルを呼び出しています。

しかし、配布されている状態では、このファイルは、

```
connector.minimal.php-dist
```

というファイル名であり、拡張子が異なります。

まずは、このファイルを、

```
connector.minimal.php-dist
              ↓
connector.minimal.php
```

と、リネームしてください。

基本ライブラリ
UIを作る
Webシステム
フレームワーク
オフィスPDF
サーバで動かす
開発ツール

・ファイルの保存場所を調整する

これで動くのですが、「connector.minimal.php」には、「ファイルをアップロードする場所」の設定が記載されており、環境に合わせなければなりません。

＊

connector.minimal.php では、設定オプションが、次のように構成されています。

```
$opts = array(
  // 'debug' => true,
  'roots' => array(
    array(
      'driver' => 'LocalFileSystem',
      'path' => '../files/',
      'URL' => dirname($_SERVER['PHP_SELF']) . '/../files/',
      'uploadDeny'    => array('all'),
      'uploadAllow'   => array('image', 'text/plain'),
      'uploadOrder'   => array('deny', 'allow'),
      'accessControl' => 'access'
    )
);
```

※ コメントは一部省略掲載

オプションのうち、①は必須なので、サーバの環境に合わせて調整してください。

---

① 対象のパス

「elFinder」で操作する場所を指定します。次の 2 つのオプションです。

```
'path' => '../files/',
'URL' => dirname($_SERVER['PHP_SELF']) . '/../files/',
```

・path オプション

操作対象の物理パス。アップロードさせたいときは、書き込み権限を設定しておく（たとえば、「chmod 777」など）。

・URL オプション

上記に相当する URL。

② アップロードできるファイルの種類

「uploadDeny」「uploadAllow」「uploadOrder」の3つのオプションで指定します。

デフォルトでは、「画像 (image/*)」と「テキスト (text/plain)」だけアップロードできます。

アップロードしたいファイルの種類(MIMEタイプ)に変更してください。「all」を指定すると、「すべて」を意味します。

```
'uploadDeny'    => array('all'),
'uploadAllow'   => array('image', 'text/plain'),
'uploadOrder'   => array('deny', 'allow'),
```

③ アクセス・コントロール

ユーザーができる操作は「accessControlオプション」で指定します。

デフォルトでは、すべての操作が許可されていますが、「読み取り専用」などに変更することもできます。

```
'accessControl' => 'access'
```

●「elFinder」でファイル操作する

以上で、最低限の設定が完了しました。

ブラウザでアクセスしてみましょう。

ファイルをドラッグ&ドロップしてアップロードしたり、削除したり、リネームしたりできるはずです。

*

「elFinder」には、画像の「サムネイル生成」や「リサイズ」「回転」の機能もあります。

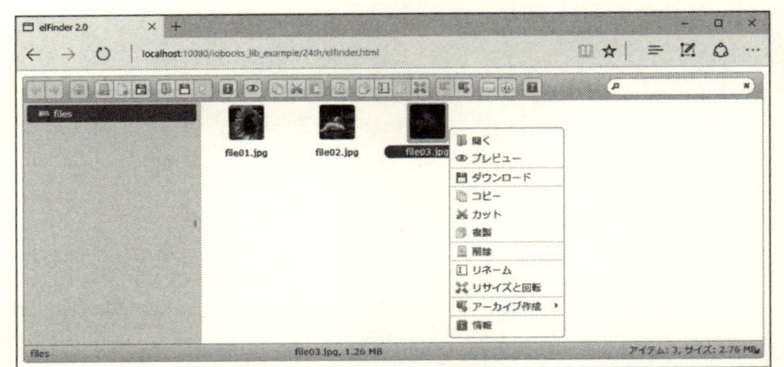

図 9-3 「elFinder」でのファイル操作

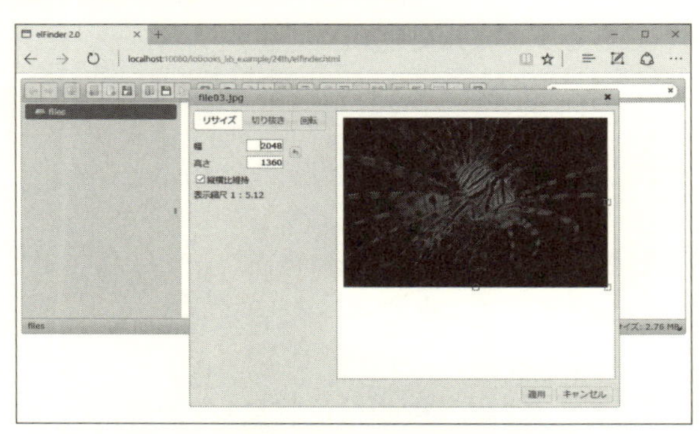

図9-4　画像のリサイズや回転もできる

■ カスタマイズの基本

カスタマイズの方法は2つあります。

---

①「クライアント・サイド」のカスタマイズ

「クライアント・サイド」(Webブラウザ側)のカスタマイズです。見栄えやJavaScript側での挙動を変更できます。

「クライアント・サイド」のカスタマイズは、「elfinderメソッド」の引数の「{}」の内部に設定します。

先に説明した「url」「lang」も、「クライアント・サイド」・オプションの一部です。

```
$('#elfinder').elfinder({
  url : 'php/connector.minimal.php',
  lang : 'jp',
  …追加のオプションを書く…
});
```

②「サーバ・サイド」のカスタマイズ

「サーバ・サイド」(Webサーバ側)のカスタマイズです。

「アップロードできるファイルサイズ」や「参照させるディレクトリの場所」「読み書きの権限」などを設定できます。

「サーバ・サイド」のカスタマイズは、①のurlオプションで指定したphpファイル(この例では「php/connector.minimal.php」)に記述します。

「connector.minimal.php」には、次の表記があります。

```
$opts = array(
  // 'debug' => true,
  'roots' => array(
    array(
      'driver' => 'LocalFileSystem',
      'path' => '../files/',
      'URL' => dirname($_SERVER['PHP_SELF']) . '/../files/',
      'uploadDeny'    => array('all'),
      'uploadAllow'   => array('image', 'text/plain'),
      'uploadOrder'   => array('deny', 'allow'),
      'accessControl' => 'access'
    )
);
```

※ コメントは一部省略掲載

先ほど説明したように、

- **「path」が「アップロード先のパス」**
- **「files」が「path に相当する URL」**

です。

これらの設定を変更したり、追加の設定をしたりすることで、挙動を変更できます。

■「クライアント・サイド」の調整をする例

「クライアント・サイド」のオプション一覧は、下記に記されています。

https://github.com/Studio-42/elFinder/wiki/Client-configuration-options

(a) ウィンドウの「幅」や「高さ」、「CSS クラス」などの見栄えを変更できるほか、(b)「並べ替え」や (c)「日付の表示方法」、さらには、(d)「各種メニューやボタンの表示／非表示」、そして、(e)「どのような操作ができるか」まで、細かくカスタマイズできます。

● できる操作を変更する

できる操作を変更するには、「commands オプション」を指定します。

デフォルトの値は、次の通りです。

```
commands : [
  'open', 'reload', 'home', 'up', 'back', 'forward', 'getfile',
'quicklook',
  'download', 'rm', 'duplicate', 'rename', 'mkdir', 'mkfile',
'upload', 'copy',
  'cut', 'paste', 'edit', 'extract', 'archive', 'search',
'info', 'view', 'help',
  'resize', 'sort'
]
```

操作させたくない項目を取り除いた値を設定すると、その挙動ができなくなります。

たとえば、「mkdir」を削除すると、新しいディレクトリを作成できなくなります。

ただしこの設定は、「クライアント・サイド」なので、悪意あるユーザーによって書き換えられる恐れがあります。

つまり、「mkdir」を削除したとしても、悪意あるユーザーがJavaScriptのソースを変更して、追加してしまえば、ディレクトリを作成できてしまいます。

本当に操作させたくないなら、サーバ側で設定すべきです。

●「コールバック関数」を使う

「elFinder」は拡張可能なように構成されているのも特徴です。「Client event API」が実装されており、「何か操作しようとしたとき」や「完了したとき」などに、開発者が指定したコールバック関数を呼び出せます。

たとえば、次のように「upload 関数」を指定すると、アップロードが完了したときに、メッセージが表示されるようになります。

```
handlers : {
  upload : function(event, instance) {
    var uploadedFiles = event.data.added;
    for (i in uploadedFiles) {
      alert(uploadedFiles[i].name
        + "がアップロードされました");
    }
  }
}
```

ここではメッセージを表示する例を示しただけですが、たとえば、アップロードが完了したら、さらにサーバ側の別のプログラムを「Ajax」で呼び出して処理を進めるなどもできます。

■「サーバ・サイド」の調整をする例

「サーバ・サイド」のオプション一覧は、下記に記されています。

https://github.com/Studio-42/elFinder/wiki/Connector-configuration-options

ここでは、「複数のツリーを見せる方法」「権限」、そして、「FTPやデータベースとの連携」を紹介します。

● 複数のツリーを見せる

実は、「roots オプション」には、複数のディレクトリを指定できます。

たとえば、

```
$opts = array(
  'roots' => array(
    // 1つ目のディレクトリ
    array(
      'driver' => 'LocalFileSystem',
      'path' => '../files/',
      'URL' => dirname($_SERVER['PHP_SELF']) . '/../files/',
        …権限省略…
    ),
    // 2つ目のディレクトリ
    array(
      'driver' => 'LocalFileSystem',
      'path' => '../files2/',
      'URL' => dirname($_SERVER['PHP_SELF']) . '/../files2/',
        …権限省略…
    ),
  …以下同じ…
  }
)
```

のように、複数のディレクトリを指定すると、それらすべてを操作できます。

● 操作権限を設定する

アクセス権限を設定するには、いくつかの方法がありますが、簡易な方法として、「attributes」という設定項目があります。

※より複雑な権限を設定したいときは「accessControl」オプションを使います。

またアップロードできるか決めたいときには、「uploadAllow」「uploadDeny」のオプションを使います。

「uploadMaxSize」オプションを指定すると、アップロードサイズを変更できます。

「attributes」では、正規表現を用いて、そのファイルの読み書きが可能かを設定します。

たとえば、次のように設定すると、「拡張子が.jpgのファイル(またはディレクトリ)」が、隠されるようになります。

```
'attributes' => array(
  array(
    'pattern' => '/\.jpg$/',
    'read'    => false,
    'write'   => false,
    'hidden' => true,
    'locked' => false
  )
)
```

● FTPやDropboxなどと連携する

実は、elFinderはサーバ上のファイルだけでなく、「他のFTPサーバのファイル」を操作することもできます。

FTPサーバを操作したいときには、driverオプションに「FTP」を指定します。

デフォルトでは、FTPドライバは無効です。ファイルの先頭付近に下記の行がコメントアウトされているので、行頭の「//」を取り除いて有効化してください。

```
// include_once dirname(__FILE__).DIRECTORY_SEPARATOR.'elFind
erVolumeFTP.class.php';
```

※FTPドライバを有効にするとメニューに[FTP接続]ボタンが表示され、手動で接続先を選べるようにもなります。

そして、「driver」に「FTP」を指定して、「サーバ名」や「ユーザー名」

「パスワード」などを、次のように指定します。
すると、FTP上のファイルを「elFinder」で操作できるようになります。

```
array(
  'driver' => 'FTP',
  'host' => サーバ名 ,
  'user' => ユーザー名 ,
  'pass' => パスワード ,
  'port' => 21,
  'mode' => 'passive',
  'path' => '/ ',
  'timeout' => 10,
  'owner'  => true,
  'tmbPath' => '',
  'tmpPath' => '',
  'dirMode' => 0755,
  'fileMode' => 0644
)
```

※ 筆者が試したところ、FTP先に日本語ファイル名のものが含まれていると、正しく動作しませんでした。

※ FTP以外にも、「Dropbox」や「Amazon S3」と連携するドライバも提供されています。

*

「elFinder」のメリットは、APIが提供されていてカスタマイズや拡張が可能であることです。APIは、「REST」で直接呼び出すこともできます。

https://github.com/Studio-42/elFinder/wiki/Client-Server-API-2.0

ファイル操作をするさまざまな場面で活用していきたいライブラリです。

10 Mergely

更新されたテキストの差分を表示する

システムでは、ユーザーが加えた変更履歴を保存しておき、その違いを見せたいことがあります。

たとえば、ブログ・システムにおいて、「編集前」と「編集後」で、どこが変わったのかを見せたい場合などです。

そのようなときに便利なのが、今回紹介する「Mergely」（マージリー）です。

URL	http://www.mergely.com/
開発者	Jamie Peabody
ライセンス	GPL、LGPL、MPL（別途、商用ライセンス有）

■「差分」をグラフィカルに表示する

プログラマーが「チーム開発」のときに使う、「CVS（Concurrent Versions System）」「SVN（Subversion）」「Git」などのバージョン管理システムには、まさに、この要件に合致する「差分を表示する機能」があります。

しかし、自分で作るシステムに、これと同等の差分を見せる機能を作り込むのは、なかなか大変です。

なぜなら、(a)「どこに差があるのかを調べるアルゴリズム」を実装しなければなりませんし、(b)「差があったとき、それを分かりやすく表示したり、適用したりするユーザー・インターフェイス」なども提供しなければならないからです。

このような煩雑さを解決するのが、「Mergely」です。

「Mergely」は、JavaScriptで構築された、差分表示のライブラリです。

「HTML5」の機能を使って実装されています。

利用には、「Internet Explorer 9」以降など、「HTML5」に対応したブラウザが必要です。

「Mergely」は、左右2つに分割したウィンドウで、差分を表示します。

その動きのデモを、下記のページで見ることができます。

http://www.mergely.com/editor

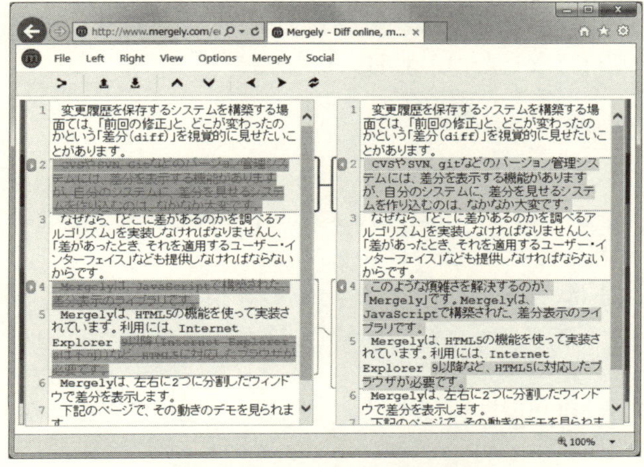

図 10-1 「Mergely」のデモ

●「Mergely」を使うのに必要なライブラリ

「Mergely」を使うには、サイトからライブラリのファイル一式を「ZIP形式」ファイルとしてダウンロードします。

「Mergely」を実行するには、次のライブラリが必要です。

---

① jQuery（https://jquery.com/）

よく使われる JavaScript のフレームワークです。
同梱されていないので、別途、準備してください。

② CodeMirror（http://codemirror.net/）

JavaScript で記述されたテキスト・エディタを構成するライブラリです。
「Mergely」は、この「テキスト・エディタ」を拡張するように実装されています。
「CodeMirror」は、ダウンロードした「Mergely」の「ZIP 形式」ファイルに同梱されているので、別途用意する必要はありません。

●Mergelyを構成する

「Mergely」を使うには、**List 10-1**のようにします。

手順

[1] まずは、適当なdiv要素を用意します。**List 10-1**では、「compare」というid値を付けました（**List 10-1**の④）。

```
<div id="compare"></div>
```

[2] このとき、次のようにmergelyメソッドを呼び出すと、この要素が差分表示に切り替わります（**List 10-1**の③）。

左のテキストは、「lhs」で指定します。右のテキストは、「rhs」で指定します。

「cmssettings」オプションは、テキスト・エディタを構成する「CodeMirror」のオプションです。

ここでは「readOnly」を「false」に設定して、編集できるようにしました。

ここではlhsオプション、rhsオプションに静的なテキストを指定していますが、Ajaxを用いて、サーバのテキストを設定することもできます。

```
$('#compare').mergely({
  cmsettings: {
    readOnly: false
  },
  lhs: function(setValue) {
    setValue(…左に設定するテキスト…);
  },
  rhs: function(setValue) {
    setValue(…右に設定するテキスト…);
  }
});
```

List 10-1　Mergelyを使った簡単な例

```
<html>
<head>
  <meta charset="utf-8">
  <!-- ① jQuery と CodeMirror の読み込み -->
  <script type="text/javascript"
    src="lib/jquery-1.11.3.min.js"></script>
  <script type="text/javascript"
```

```
    src="lib/codemirror.js"></script>
  <link type="text/css" rel="stylesheet"
    href="lib/codemirror.css" />
  <!-- ②Mergelyの読み込み -->
  <script type="text/javascript" src="lib/mergely.js"></script>
  <link type="text/css" rel="stylesheet"
    href="lib/mergely.css" />
  <!-- ③要素をMergely化する -->
  <script type="text/javascript">
  $(function() {
    $('#compare').mergely({
      cmsettings: {
        readOnly: false
      },
      lhs: function(setValue) {
        setValue('【今日の天気】¥n¥n左のテキスト。¥n¥n今日の日付は、
2015/5/18 。今日の天気は 晴れ。');
      },
      rhs: function(setValue) {
        setValue('【今日の天気】¥n¥n右のテキスト。¥n¥n今日の日付は、
2015/5/19 。今日の天気は 雨。');
      }
    });
  });
  </script>
</head>
<body>
  <!-- ④Mergely化する要素 -->
  <div id="compare"></div>
</body>
</html>
```

●「Mergely」で編集する

List 10-1を実行すると、**図10-1**のように左右に分割された画面が表示され、その差分が色づいて表示されます。

「行番号」のところに表示される[>]や[<]のアイコンをクリックすると、その「差分」を、反対側に反映できます。

「Mergely」は、単語単位での差分に対応していますが、単語の区切りは「スペース」で判定されます。

「日本語」は語句をスペースで区切らないので、単語単位での差分と判定されず、行単位での判定となります。

デフォルトでは、「空白」の有無もチェックします。「ignorews」オプション

を指定すると、「空白」の有無を無視するようにもできます。

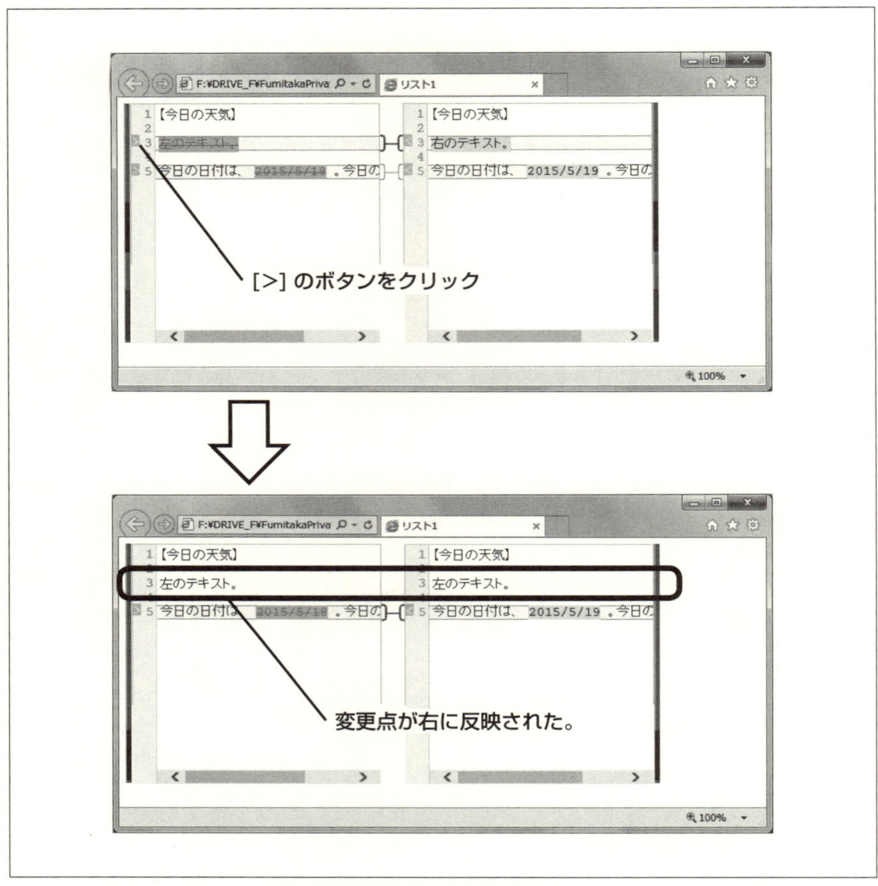

図 10-2 Mergely の操作

■ ボタンで操作できるようにする

図 10-2 に示したように、要素を「Mergely」化し、左右のテキストを設定するだけで、「差分」の表示や編集ができます。

しかしそれ以外に、編集後の「左側」や「右側」のテキストを取得したり、「次に違う部分を検索」したりする操作が必要になるはずです。

これらは、「JavaScript」から、「Mergely」のメソッドを呼び出すことで操作します。

● 左右に設定された「テキスト」を読み取る

左右に設定されたテキストは、「get」を指定すると読み取れます。
左は「lhs」、右は「rhs」を指定します。

【左のテキスト】

```
alert($('#compare').mergely('get', 'lhs'));
```

【右のテキスト】

```
alert($('#compare').mergely('get', 'rhs'));
```

●「前後の違い」の箇所に移動する

「次の違いの箇所」や「前の違いの箇所」にジャンプするには、「scrollToDiff」を指定します。

次の場所なら「next」を指定し、前の場所なら「prev」を指定します。

【次の違いに移動】

```
$('#compare').mergely('scrollToDiff', 'next');
```

【前の違いに移動】

```
$('#compare').mergely('scrollToDiff', 'prev');
```

● 文字検索する

「search」を指定すると、「文字検索」ができます。
たとえば、左側から「晴れ」という文字を検索するには、次のようにします。

```
$('#compare').mergely('search', 'lhs', '晴れ');
```

ただし、この機能を使うときは、同梱されているsearchcursor.jsを、あらかじめ読み込んでおく必要があります(<script type="text/javascript" src="lib/searchcursor.js"></script>)。

●「diff形式」で「差分」を取得する

パッチを当てるなどの目的で、「diff形式」のデータを取得したいこともあるでしょう。

そのようなときには、「diff」を指定します。

すると、「diff形式」のデータを得ることができます。

```
alert($('#compare').mergely('diff');
```

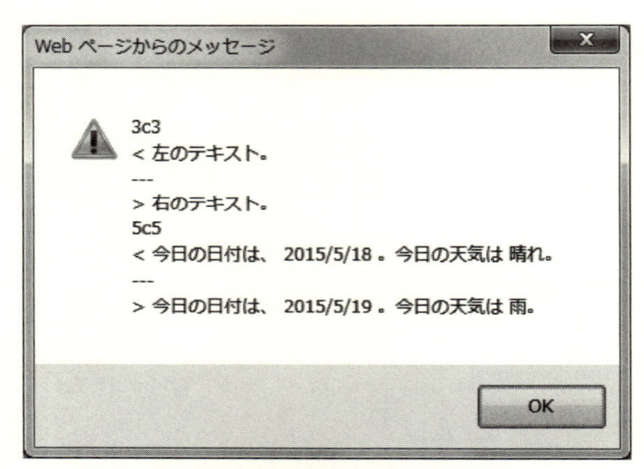

図10-3 diff形式のデータを得る

11 Securimage

CAPTCHAを使って認証する

ユーザー登録や掲示板への投稿などでは、機械的なイタズラを防ぐため、「CAPTCHA」(キャプチャ)が使われることがあります。

「CAPTCHA」(キャプチャ)は、文字を変形して、わざと読みにくくした画像として表示。それと同じものを入力してもらうことで、機械的な多重実行を防ぐ仕組みです。

「Securimage」を使うと、「CAPTCHA」を簡単に実装できます。

URL	https://www.phpcaptcha.org/
開発者	Drew Phillips
ライセンス	BSDライセンス

■「CAPTCHA」でのユーザー認証

「Securimage」は、「PHP」用の「CAPTCHA」ライブラリです。

画像の生成には「GDライブラリ」が必要なので、もしサーバにインストールされていないようならインストールしてください。

●「CAPTCHA」を表示する

まず、ダウンロードページ(https://www.phpcaptcha.org/download/)から、ファイル一式をダウンロードして適当なディレクトリに配置します。

ここでは、「securimage」ディレクトリに配置したとします。

このとき、**List 11-1**のHTMLファイルを用意すると、「CAPTCHA」が表示されます。

CHAPTHAを表示しているのは、

```
<img id="img01" src="securimage/securimage_show.php">
```

というタグです。

「Securimage」ライブラリに含まれるsecurimage_show.phpファイルが、

ランダムな文字を「CAPTCHA」として表示します(**図11-1**)。

List 11-1 CAPTCHAを表示する例(index.html)

```
<html>
<body>
  <form method="POST" action="check.php">
  <!-- CAPTCHAの画像を表示する -->
  <img id="img01"
    src="securimage/securimage_show.php">
  <br>
  <!-- 入力テキスト -->
  <input type="text" name="code">
  <!-- 他の画像に変更ボタン -->
  <a href="#" onclick="document.getElementById('img01').src='s
ecurimage/securimage_show.php?' + Math.random(); return false;">
    <img src="securimage/images/refresh.png"
      alt="他の画像" width= "20px">
  </a>
  <input type="submit" value="送信">
  </form>
</body>
</html>
```

図11-1 「CAPTCHA」の例

●「CAPTCHA」が正しいかチェック

表示されている「CAPTCHA」と、テキストボックスに入力された文字とが合致するかをチェックするには、**List 11-2**のようにします。

「CAPTCHA」として表示した文字は、「PHP」の「セッション」として保存されるため、

```
session_start();
```

として、「セッションを開始」することが必要です。

あとは、

```
$securimage = new Securimage();
```

として、「Securimage」オブジェクトを作り、その「check」メソッドを使って比較します。

List 11-2 入力された文字が「CAPTCHA」と合致するか確かめる例（check.php）

```
<?php
  session_start();
  require_once('securimage/securimage.php');
  $securimage = new Securimage();
  // チェックする
  if ($securimage->check($_POST['code'])) {
    // チェック OK
    echo "CHECK OK";
  } else {
    // チェック NG
    echo "CHECK NG";
    echo "<a href='index.html'> 戻る </a>";
  }
?>
```

■「CAPTCHA」の挙動を変更する

どのような「CAPTCHA」を表示するかは、「securimage_show.php」ファイルで変更できます。

「securimage_show.php」ファイルを見ると、

```
//$img->ttf_file = './Quiff.ttf';
//$img->captcha_type  = Securimage::SI_CAPTCHA_MATHEMATIC; // show a simple math problem instead of text
//$img->case_sensitive  = true;
…略…
```

のようなオプション設定があります。

このように、「$img-> オプション名」に、何か値を設定すると、挙動を変更できます。

*

設定可能なオプションは、「クラス・リファレンス」（http://phpcaptcha.org/Securimage_Docs/）で確認できます。

たとえば、「大文字・小文字」を区別したくないときは、

```
$img->case_sensitive = false;
```

のように、「case_sensitive」を「false」にします。

■計算式や2つのワードの組み合わせを使う

「Securimage」ライブラリは、3つの「CAPTCHA」方式に対応しています。

デフォルトは、「ランダムな文字を表示する」というもので、この場合の挙動は、**図11-1**に示した通りです。

*

残りの2つの方式は、「簡単な四則演算を表示して、その答を入力してもらう」ものと、「2つの単語の組み合わせを入力してもらう」ものです。

これらは、「captcha_type」で変更できます。

① 四則演算の場合

```
$img->captcha_type = Securimage::SI_CAPTCHA_MATHEMATIC;
```

と記述します。

すると、**図11-2**のように数式が表示されるので、たとえば、この場合、「2×3」の答である「6」と入力すると、チェックが通ります。

図11-2 四則演算の結果を入力する

② 単語の組み合わせを入力する場合

```
$img->captcha_type = Securimage::SI_CAPTCHA_WORDS;
```

と記述します。

すると、2つの単語が表示されます。

表示される単語は、「words/words.txt」で定義されており、変更もできます（**図 11-3**）。

図 11-3　2つの単語の組み合わせを入力する

■ Flash を用いて読み上げる

「CAPTCHA」は、人間でも読みにくいことがあります。

そのようなときには、「音声で読み上げる」こともできます。

入力フォームである **List 11-2** に、次のように「Flash」を埋め込み、コードを追記すると、「音声ボタン」が表示され、クリックすると、音声で読み上げてくれます。

> ※「音声ファイル」は、「a.wav」「b.wav」などが用意されており、変更することもできます。また、再生の際には、機械処理されないよう、あらかじめ用意されている「ガヤ声」を被せて再生されます。

```
<object type="application/x-shockwave-flash" data="securimage/
securimage_play.swf?audio_file=securimage/securimage_play.php"
width="19" height="19">
  <param name="movie" value="securimage/securimage_play.swf?
audio_file=securimage/securimage_play.php" />
</object>
```

図 11-4 「音声ボタン」の表示

■日本語の「CAPTCHA」を使う

デフォルトでは、英語で表示されますが、日本語の「CAPTCHA」を表示することもできます。

●「日本語のTrueTypeフォント」を用意

そのためには、まず、「日本語のTrueTypeフォント」を用意します。

フリーで利用できるものとしては、IPAが配布している「IPAexフォント／IPAフォント」があります（http://ipafont.ipa.go.jp/）。

このようなフォントをダウンロードして「Webサーバ」に置いておきます。

●日本語を表示する

次のように「フォント・ファイル名」と、「表示する文字群」を「オプション」として指定します。

※「文字コード」は「UTF-8」として記述してください。

```
// フォント設定
$img->ttf_file="ipaexg.ttf";
// 文字群設定
$img->charset = "あいうえおかきくけこさしすせそ…略…わをん";
// 文字を小さめにしないと入らないので調整
$img->font_ratio = 0.3;
```

すると、**図11-5**のように、「日本語のCAPTCHA」が表示されます。

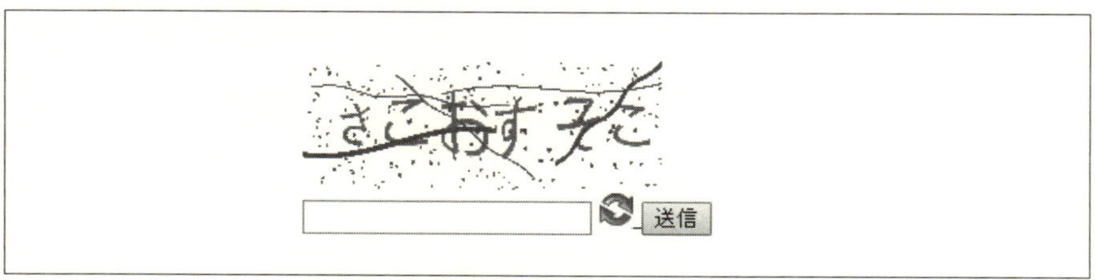

図11-5 「日本語CAPTCHA」の例

12 GeoLite2

対象地域の「位置」を調べる

「アクセスログを解析する際に、都道府県ごとに集計したい」「アクセスされた地域によって表示するコンテンツを変えたい（エリア・ターゲティング広告）」などを実現したいときは、「IPアドレス→位置情報」への変換をします。

変換には、「HTML5で提供されたAPI」や「事業者が提供するデータベース」を用います。

URL	http://dev.maxmind.com/ja/geolite2/
開発者	MaxMind
ライセンス	Attribution-ShareAlike 3.0 Unported

※「アクセスされた地域によってコンテンツを変える」ときは、（株）ジェイ・キャストが保有し、（株）あどえりあが管理する「インターネット・アクセスにおける地域判別特許（第3254422号）」に該当し、ライセンス契約が必要なケースがあります。

■ 位置情報を得る

「緯度」「経度」や「国」「市区町村」などの「位置情報」を得るには、(a)「クライアント側で実施する方法」と(b)「サーバ側で実施する方法」があります。

(a)は、ブラウザの機能を使います。この方法では、クライアント側のIPアドレスのほか、ブラウザによっては（とくにスマートフォンなどの場合）、接続している無線LANのアクセスポイントの情報やGPS情報が使われることもあります。

(b)は、IPアドレスと位置情報とのマッピングデータベースを使って変換します。

(a)「Geolocation API」で「緯度」「経度」を調べる

まずは、クライアント側で位置情報を得る方法から説明します。

この方法は、HTML5で、「Geolocation API」として仕様化されています。

> ※ 現在、ドラフト。
> http://dev.w3.org/geo/api/spec-source.html

「Chrome 5.0以降」「IE 9.0以降」「Firefox 3.5以降」、そして、「Android」や「iPhone」の標準ブラウザなど、主要なほとんどのブラウザでサポートされており、追加のライブラリを必要とせずに動作します。

●「JavaScript」で位置情報を得る

「Geolocation API」は、JavaScriptから呼び出すAPIです。

List 12-1は、位置情報を取得して、その場所を中心とした地図を表示する例です。

位置情報を利用する場合、ユーザーに許諾メッセージが表示されます(**図12-1**)。

ユーザーが許諾すると、「緯度」「経度」「Google Map」を使った地図が、表示されます(**図12-2**)。

> ※ 位置情報を計算するのはブラウザなので、実行するブラウザによって、位置の正確さが異なります。
> 　市区町村レベルまでしか判断できないブラウザでは、その市区町村の中心部などが位置として返されます。

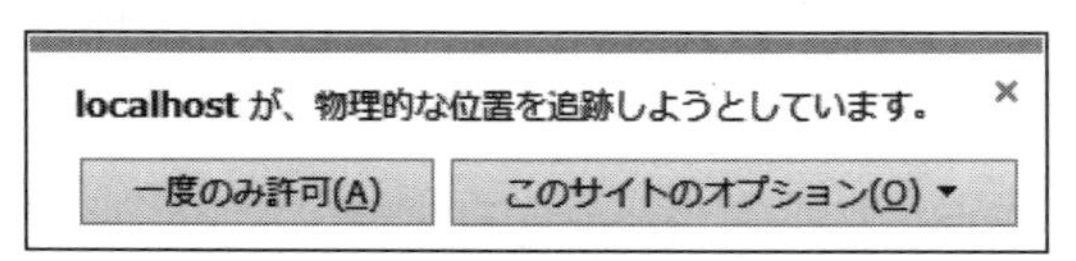

図12-1　位置情報利用の許諾

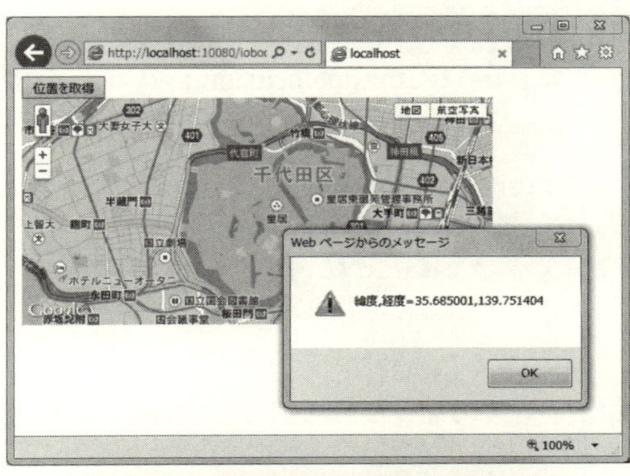

図 12-2 現在位置中心の地図を表示する

List 12-1 「Geolocation API」の利用例

```
<html><body>
<script type="text/javascript"
 src="http://maps.google.com/maps/api/js?sensor=false"></script>
<script>
function getLocation() {
  if (navigator.geolocation) {
    navigator.geolocation.getCurrentPosition(
      // 成功したとき
      function (pos) {
        var map = new google.maps.Map(
          document.getElementById("map"), {
            center : new google.maps.LatLng(
              pos.coords.latitude, pos.coords.longitude),
            mapTypeId: google.maps.MapTypeId.ROADMAP,
            zoom : 14
          });
        alert("緯度,経度=" + pos.coords.latitude + "," +
          pos.coords.longitude);
      },
      // 失敗したとき
      function (error) {
        alert(error.message);
      }
    );
  } else {
    alert("位置情報がサポートされていません");
  }
}
</script>
<button onclick="getLocation()">位置を取得</button>
<div id="map" style="width:480px;height:240px"></div>
</body></html>
```

●戻り値で「緯度」「経度」がわかる

位置情報を得るには、「navigator.geolocation.getCurrentPosition」メソッドを使います。

```
navigator.geolocation.getCurrentPosition(
  function (pos) { 成功したとき },
  function (error) { 失敗したとき }
);
```

成功したときには、引数のオブジェクトに、緯度・経度などの情報が含まれます。

List 12-1 では、緯度である「pos.coords.latitude」、経度である「pos.coords.longitude」を使い、Google Map APIを用いて、その位置を中心とした地図を表示しています。

> ※Google Map APIについては、「https://developers.google.com/maps/?hl=ja」を参照してください。

「Geolocation API」には、現在の位置を取得する「getCurrentPosition」メソッド以外に、移動を追跡する「watchPosition」メソッドもあります。

(b)「GeoLite2」で「IPアドレス」を「位置情報」に変換

一方で、サーバ側で位置情報を得るには、「IPアドレス」を用います。

「IPアドレス」から「位置情報」に変換するデータベースは、いくつかの事業者から販売されています。

*

海外だと、MaxMind社の「GeoIP2」(https://www.maxmind.com/ja/geoip2-databases)などがあります。

国内だと、サイバーエリアリサーチ株式会社の「どこどこJP」(http://www.docodoco.jp/)などがあります。

どちらも有償のサービスですが、「GeoIP2」に関しては、荒い情報のデータベースは制限付きながら無償で利用できます。

また「どこどこ JP」も、「非商用」「個人」であり、かつ、成果物を同社のサイトで紹介してもよい場合に限り、無償で利用できます。

● 無償で利用できる「GeoLite2」

「GeoIP2」の無償版に相当するのが「GeoLite2」(http://dev.maxmind.com/ja/geolite2/) です。

「Attribution-ShareAlike 3.0 Unported」に基づいたライセンスです。

次の一文を入れれば、無償で利用できます。

この製品には MaxMind が作成した GeoLite2 データが含まれており、<a href="http://www.maxmind.com">http://www.maxmind.com</a> から入手できます。

● 「GeoLite2」を準備する

GeoLite2 (および GeoIP2) は、「IP アドレス」と「位置情報」をマッピングした、静的なデータベース・ファイルとして構成されています。

まずは、http://dev.maxmind.com/ja/geolite2/ から、「データベース・ファイル」をダウンロードします。

①「GeoLite2 City (市まで対応)」②「GeoLite2 Country (国まで対応)」── の 2 種類のファイルがあります。

*

ダウンロードしたら展開し、適当なディレクトリに配置してください。

展開すると、①は「GeoLite2-Country.mmdb」、②は「GeoLite2-City.mmdb」というファイルとなります。

● 「GeoIP2」ライブラリをインストールする

次に、各種プログラミング言語から、この GeoLite2 (および GeoIP2) を利用する API ライブラリを入手します。

「http://dev.maxmind.com/geoip/geoip2/downloadable/#MaxMind_APIs」に、各種プログラミング言語から利用できる API の一覧があります。

今回は、PHP から利用することにします。

https://packagist.org/packages/geoip2/geoip2

*

次のようにすると、インストールできます。

手順

[1] Composerのインストール

インストールには「Composer」というソフトを使います。

「Composer」は、ライブラリの依存関係を解決しながらライブラリをインストールするためのソフトです（https://getcomposer.org/）。

いくつか入手方法がありますが、これから作るプロジェクトのルートをカレントディレクトリにしておいて、

```
php -r "readfile('https://getcomposer.org/installer');" | php
```

と入力すると、インストールできます。

インストールが完了すると、そのディレクトリに「composer.phar」というファイルができます。

[2] GeoIP2ライブラリのインストール

[1] で作業したディレクトリにおいて、次のコマンドを入力します。

```
php composer.phar require geoip2/geoip2:~2.0
```

すると「venderディレクトリ」が作られ、必要なライブラリがダウンロードされます。

●「GeoIP2」を使った位置情報の取得

GeoIP2を使って位置情報を得るには、**List 12-2**のようにします。

実行すると、「国」「市区町村」「緯度」「経度」が表示されます（**図12-3**）。

*

サーバ側で変換する場合、クライアントが接続している「プロバイダのIPアドレスの位置情報」が頼りです。

これはネットワーク構成の変更などで、比較的、早いペースで更新されます。

よい精度で位置情報を得たいなら、データベースを提供する事業者から、精度の良いデータベースを購入しましょう。

List 12-2 「GeoIP2」を使った位置取得の例

```
<?php
require_once 'vendor/autoload.php';
use GeoIp2¥Database¥Reader;

// データベースの読み込み
$reader = new Reader('GeoLite2-City.mmdb');

// 市の情報、または、国情報の取得
// (国のときは country メソッドを利用)
$record = $reader->city('123.123.123.123' などの IP アドレス);

print(" 国 =" . $record->country->names['ja'] . "<br>");
print(" 市 =" . $record->city->names['ja'] . "<br>");
print(" 緯度 =" . $record->location->latitude . "<br>");
print(" 経度 =" . $record->location->longitude . "<br>");
?>
```

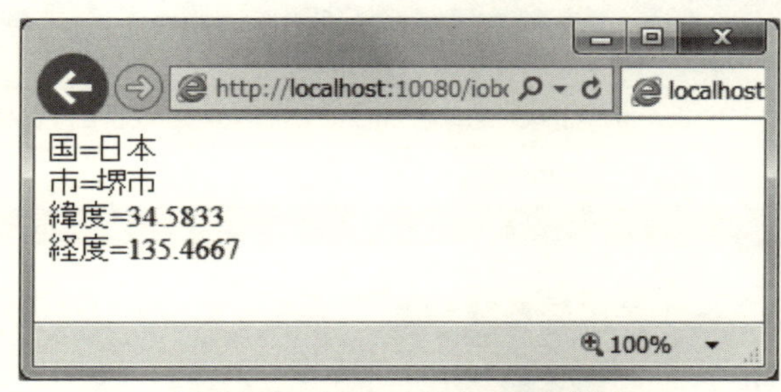

図 12-3 List 12-2 の実行結果

[13] UnderScore.js

よく使う基本関数群を提供する

最近の Web システムは、クライアント側のユーザー・インターフェイスを担当する「フロントエンド」と「サーバ側のシステム」とに分けられ、「フロントエンド側」では、「JavaScript」を使ったインターフェイスを提供するようになりました。使いやすい「ユーザー・インターフェイス」を提供するには、いままで以上に「JavaScript」を使った細かい実装が必要です。

そこで手間を軽減するために使いたいのが、「オブジェクト」や「配列」の細かい操作、「画面出力周り」を担ってくれる基本的なライブラリです。

ここで紹介する「UnderScore.js」は、「JavaScript」の「オブジェクト」や「配列」の細かい操作、「画面出力周り」などの基本機能を提供します。

URL	http://underscorejs.org/
開発者	Jeremy Ashkenas、DocumentCloud、Investigative Reporters & Editors
ライセンス	MIT ライセンス

■ 拡張する 100 を超える関数群

「UnderScore.js」は、基本的なアルゴリズムの実装を提供する「100」を超える関数群です。

サイトで配布されている「underscore-min.js」または「underscore.js」を読み込んで利用します。

```
<script src="underscore-min.js"></script>
```

「UnderScore.js」という名前であるのは、提供されるメソッド（関数）が、

```
_. メソッド名 ( 引数…)
```

のように、「_.」（アンダースコアとドット）から始まる命名規則であるからです。

●「UnderScore.js」で提供されるもの

「JavaScript」でプログラミングしていると、「配列の要素に対する繰り返し操作」「配列のソートや検索」「HTMLエンコード操作」「HTMLへの値の埋め込み」など、汎用的な機能が必要になります。

「UnderScore.js」は、このような基本機能を提供します。

＊

「UnderScore.js」が提供する機能は、多岐に渡ります。

ここでは、よく使われると思われる機能に絞って説明します。

■ 配列やオブジェクトの操作

「UnderScore.js」が提供する機能の多くは、「オブジェクト」や「配列」の細かい操作です。

● Clone操作

「JavaScript」では、オブジェクトや配列の代入は、「参照」です。

そのため、「代入先の値」を変更すると、「参照元の値」も変わります。

たとえば、

```
var a =
  {name : 'foo',
   tel : '03-1234-5678'};
var b = a;
b.name = 'bar';
alert(a.name);
alert(b.name);
```

のようにすると、「b.name」が「bar」に変わるだけでなく、「a.name」も「bar」に変わります。

これは、変数「b」が変数「a」の参照であるからです。

＊

この問題を解決するには、「var b = a」で代入するときに、複製を作ります。

「UnderScore.js」には、複製する「cloneメソッド」があります。

このメソッドを使い、

```
var b = _.clone(a);
```

のようにすると、「a」の複製が作られ、その複製を「b」が指すので、「a.name」は「foo」のまま変わりません。

＊

このように「clone メソッド」は地味ではありますが、なくてはならないもので、しかも自分で作るとなると面倒な代物です。

「UnderScore.js」は、このような便利機能をたくさん提供しているのです。

■ 配列のループ処理

「配列の要素」を「ループ処理」したいことは、しばしばあります。

「UnderScore.js」では、「each メソッド」という「ループ処理用のメソッド」が提供されます。

たとえば、次のように使います。

```
var a = [1, 2, 3];
_.each(a, function (element, index, list) {
    alert(element);
});
```

「each メソッド」は、第 1 引数（上記の例では変数 a）をループ処理し、それぞれの要素に対して、指定した関数を順に呼び出します。

関数内では、その要素を引数で受け取って処理します。

上記では、「element（要素）」「index（順序番号のインデックス）」「list（対象となったオブジェクト自身。この例では変数 a と同じ）」を順にとっていますが、これらを省略することもできます。

> ※「_.each」は、よく使われるので「forEach」というメソッド名（こちらは「_.」は付かない）という別名もあります。

● 配列から目的の値を探す

配列から目的の値を探す処理は、データを保持する多くの場面で必要です。

しかし、その実装は、なかなか手間がかかります。

「UnderScore.js」を使えば、いくつかのメソッドを使うだけで、簡単に実装できます。

＊

ここでは、次のデータを考えます。

```
var a = [
  {name : 'foo', val : 100},
  {name : 'bar', val : 90},
  {name : 'hoge', val : 120},
  {name : 'hage', val : 80}
];
```

● 合致するものを検索する

まずは、合致するオブジェクトを検索する方法を示しましょう。主に２つの方法があります。

① 完全合致を探す「where メソッド」

「where メソッド」を使うと、完全に合致するものを取得できます。

たとえば、

```
var r = _.where(a, {name: 'foo'});
```

とすると、「変数 r」は、

```
[
  {name : 'foo', val : 100}
]
```

という結果となります。

結果は、複数あることもあるので、常に、配列となります。

② 複雑な条件で検索する「filter メソッド」

完全合致ではなく、条件をプログラムで指定したいときは「filter メソッド」を使います。

「filter メソッド」では、要素の１つ１つに対して、ユーザーが指定した関数が呼び出されます。

その関数が「true」を返すと選択され、そうでなければ選択から外れます。

たとえば、次のようにすると、「val の値」が「100 以下」であるものだけを配列として取得できます。

```
var r = _.filter(a, function(element) {
  return element.val <= 100;
});
```

● ソートする

「UnderScore.js」では、ソートも簡単です。「sortBy メソッド」を使うとソートできます。

たとえば、次のようにすると、「val」の小さいもの順（昇順）で並べ替えられます。

```
var r = _.sortBy(a, function(element) {
  return element.val;
});
```

ただし、単純に昇順にしたいだけなら、returnで値を返す関数を作る必要はなく、プロパティ名を指定するだけですみます。

つまり、

```
var r = _.sortBy(a, "val");
```

と、書いても同じです。

● 配列のマージや集合関数も

ほかにも、配列をグループ化したり、マージしたり、要素の最大、最小を求める関数などもあります。

また、2つの「配列A」「配列B」があるとき、

- ・「配列A」に含まれていて、かつ「配列B」に含まれているものを取り出す
- ・「配列A」に含まれていて、「配列B」に含まれているものを取り除く

など、「集合操作するメソッド」もあります。

■ HTML出力周りの機能

「UnderScore.js」には、HTML出力の際に便利な機能もあります。

● エスケープ処理する

一般に、HTML出力するときには、「<」を「<」、「>」を「>」に置換するなどのエスケープ処理が必要です。

「UnderScore.js」では、「escapeメソッド」を使うと、エスケープできます（元に戻す「unescapeメソッド」もあります）。

```
document.write(_.escape('<b>テキスト</b>'));
```

● テンプレート機能

また、テンプレート機能もあります。

「<%= プロパティ %>」や「<%- プロパティ %>」という記述のテキストを用意すると、その箇所に、プロパティの値を差し込めます。

> ※「<%=」と「<%-」との違いは、値をHTMLエスケープするかどうかです。前者はエスケープせず、後者はエスケープします。

たとえば、

```
var t = _.template("<span>名前：<%- name %></span><span>値：<%-
val %></span>");
```

というテンプレートオブジェクト「t」を用意したとき、

```
document.write(t({name : 'foo', val : 100}));
```

という出力は、

```
<span>名前：foo</span><span>値：100</span>
```

となります。

テンプレートには、ループ構造の構文はありません。ループしたいときは、次のように、「each メソッド」など使って処理します。

```
var t = _.template("<span>名前：<%- name %></span><span>値：<%-
val %></span>");
var html = '';
_.each(a, function(element) {
  html += t(element);
});
document.write(html);
```

＊

「UnerScore.js」には、ここで紹介した以外にも、

- 「後で関数を実行」「1回限り関数を実行」などの関数の呼び出し機能
- 一時的に値を保存するキャッシュ機能
- 「ユニークなIDを作る」「ランダムな値を生成」「タイムスタンプを取得」などのユーティリティ機能

など、便利な機能が備わっています。

一度、「UnderScore.js」を使ったら、きっと、手放せなくなるはずです。

14 Vue.js

データ・バインディング機能を提供する

Web システムの入出力は「HTML」ですが、この「HTML」と、変数などの「内部データ」とを結びつけるには、一般に、プログラムのコードが必要です。

たとえば、「JavaScript」で HTML 上の一部の文字を変えたいなら、その要素を指定して文字を変更するプログラムを書かなければなりません。

逆に、「ユーザーが入力した文字」を読み取りたいのなら、その「テキストボックス」などの要素を指定し、データを読み込む処理が必要です。

しかし「データ・バインディング（data binding）」という手法を使うと、これらのコードが必要なくなります。

「データ・バインディング」を提供するライブラリは、たくさんありますが、ここでは、シンプルで習得しやすい「Vue.js」（ビュー .js）を紹介します。

URL	http://jp.vuejs.org/
開発者	Evan You
ライセンス	MIT ライセンス

■データ・バインディングのしくみ

「データ・バインディング」は、「HTML の要素」と「内部データ」とを結び付けて（binding して）、「片方」が変われば、自動的に、「もう片方」も変わるという処理を実現します。

たとえば、「テキストボックス」と「変数」とを結びつけておくと、「テキストボックス」に文字入力されたときに、「変数」の値が自動的に変わるようになります。

■「Vue.js」を使う

「Vue.js」は、「JavaScript」のライブラリです。

①ダウンロードして「script タグ」で読み込む、または、②「CDN」を用いて下記、

```
<script src="http://cdn.jsdelivr.net/vue/1.0.15/vue.min.js"></
script>
```

のようにして読み込みます（「1.0.15」はバージョン番号）。

読み込むと、「Vue クラス」が使えるようになります。

■「データ・バインディング」の基本

「Vue.js」は、「データ」と「HTML の要素」とを結びつけるライブラリです。

●出力の「データ・バインディング」

List 14-1 は、出力の「データ・バインディング」をする例です。

List 14-1 では、次のように「id 属性」に「demo」を指定した div 要素を用意しています。

```
<div id="demo">
  <p>{{message}}</p>
</div>
```

そして、次のように「Vue オブジェクト」を作っています。

```
var demo = new Vue({
  el: '#demo',
  data: {
    message: 'Example'
  }
});
```

ここで「el」は、「Vue」で制御する HTML の要素を指定します。

ここでは「#demo」を指定しているので、「id 属性」が「demo」の値の要素が相当します。

つまり、先に用意した HTML の「<div id="demo">」の要素が、Vue オブジェクトの制御下に置かれます。

そして、「data」の部分で、データを設定します。

ここでは「message」に「Example」という値を指定しています。

この「message」は、HTML の「{{message}}」と結び付けられます。

その結果、画面には「{{message}}」と書いたところが「Example」に置き換わって表示されます（図 14-1）。

「{{message}}」のように「{」を 2 つ重ねた場合、HTML エンコードされます。「{{{message}}}」のように「{」を 3 つ重ねた場合は、HTML エンコードされません。

List 14-1　データ・バインディングの例

```
<!DOCTYPE html>
<body>
<div id="demo">
  <p>{{message}}</p>
</div>
<script src="http://cdn.jsdelivr.net/vue/1.0.15/vue.min.js">
</script>
<script>
var demo;
window.onload = function() {
  demo = new Vue({
    el: '#demo',
    data: {
      message: 'Example'
    }
  });
};
</script>
</body>
</html>
```

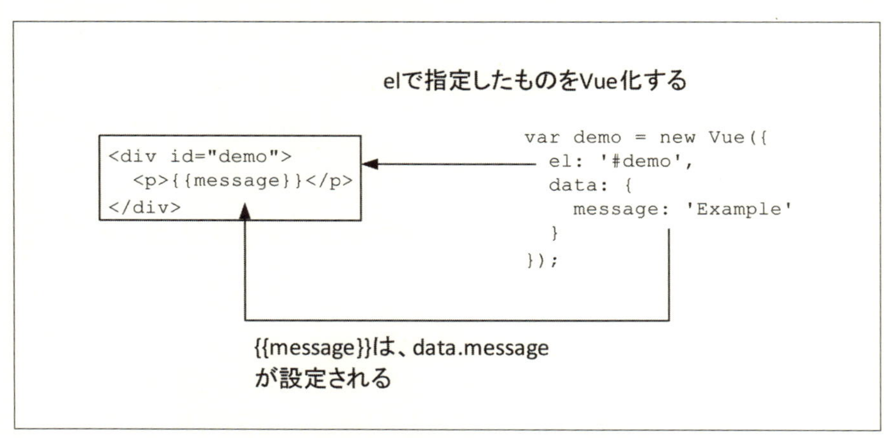

図 14-1 「データ・バインディング」の基本

● データを変えれば値が変わる

「Vue.js」の素晴らしいところは、この「demo 変数」の「message」の値を変更すると、「{{message}}」の部分が、自動的に変わることです。

たとえば、

```
<input type="button" value="クリックしてください"
  onclick="demo.message='Clicked'">
```

というボタンを設けるとします。

このとき、ボタンをクリックすれば、

```
demo.message='Clicked';
```

という文が実行されます。つまり message プロパティの値が「Clicked」に設定されます。

このとき、データ・バインディングされているので、「div 要素」の値が「Example」から「Clicked」に変わります。

つまり、

```
demo.message = 設定する値;
```

と代入すれば、「{{message}}」が、自動的に、その値に変わるのです（**図 14-2**）。

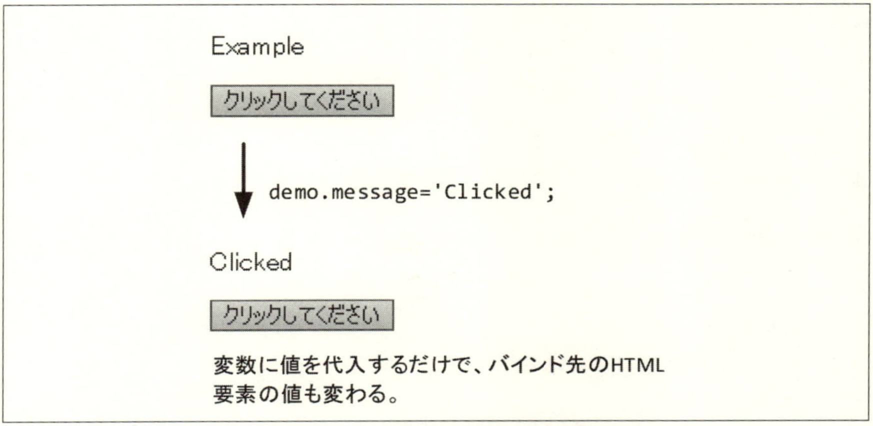

Example

クリックしてください

demo.message='Clicked';

Clicked

クリックしてください

変数に値を代入するだけで、バインド先のHTML
要素の値も変わる。

図 14-2　データを変えると、出力が変わる

● 入力の「データ・バインディング」

Vue.js は、入力用途にも使えます。

たとえば、「テキストボックス」に「データ」を入力したとき、その入力された文字列を、自動的に「Vue オブジェクト」のデータとして取り込めます。

「テキストボックス」などの「入力コントロール」と「データ」とを結びつけるには、「v-model」という属性を使います。

「v-」から始まる属性は、「ディレクティブ」と呼ばれます。

*

「Vue.js」の特徴を示すときによく使われる、興味深いサンプルを **List 14-2** に示します。

List 14-2 には、①「テキスト入力領域（<textarea>）」と、②「id 属性」に「output」という名称を付けた「div 要素（<div id="output">）」があります。

「テキストボックス」で入力すると、それと同じものが、その「div 要素」に表示されます（**図 14-3**）。

List 14-2 のポイントは、入力したデータを「コード」で処理するのではなく、データ・バインディングによって、「<textarea>」と「<div>」とを結び付けているだけで実現している点です。

<div> 側は、次のように「message」の内容を表示しようとしています。

```
<div>{{message}}</div>
```

そして <textarea> 側は、次のように、v-model ディレクティブを用いて、値を「message」に書き込もうとしています。

```
<textarea v-model="message" cols="30" rows="5"></textarea>
```

その結果、「Vue オブジェクト」が「中継点」となり、2 つのオブジェクトがつながるのです（**図 14-4**）。

List 14-2 textarea と div 要素を連動させた例

```
<!DOCTYPE html>
<body>
<div id="demo">
  <div>{{message}}</div><br>
  <textarea v-model="message" cols="30" rows="5"></textarea>
</div>
<script src="http://cdn.jsdelivr.net/vue/1.0.15/vue.min.js">
</script>
<script>
var demo;
window.onload = function() {
  demo = new Vue({
    el: '#demo',
    data: {
      message: ''
    }
  });
};
</script>
</body>
</html>
```

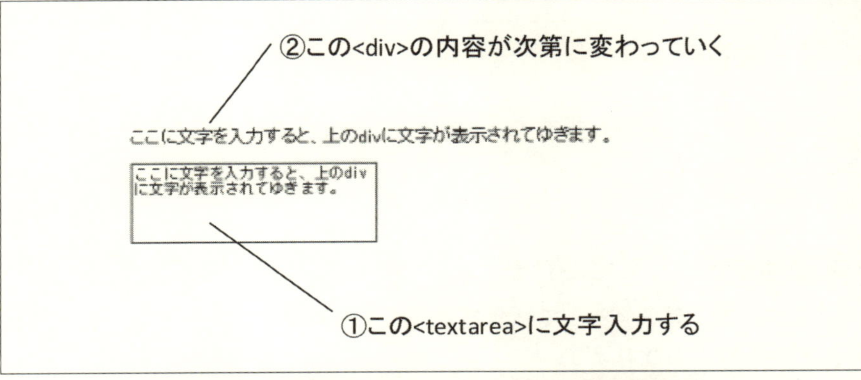

図 14-3 双方向の「データ・バインディング」を実現する

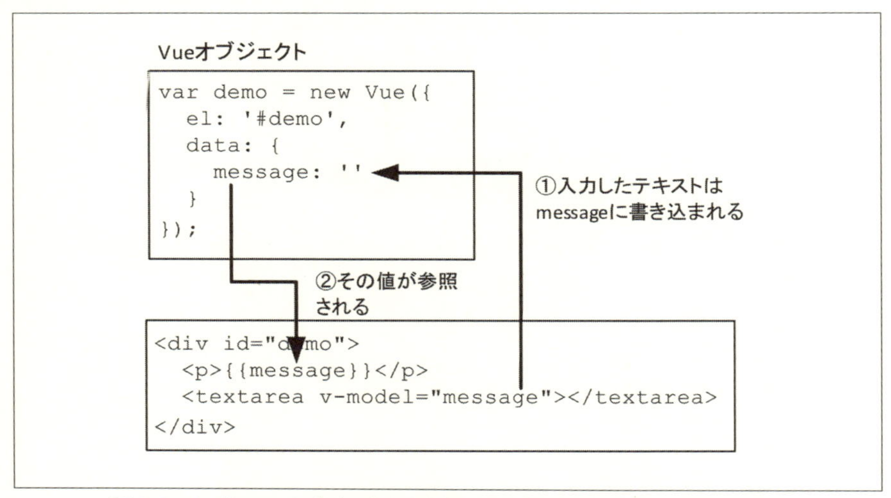

図 14-4 「Vue オブジェクト」を通じて、「入力」と「出力」がつながる

＊

このように「Vue.js」は、「データ・バインディング」によって、

- ・「変数」に「値」を代入すれば、結びつけた「出力先」が変わる。
- ・「テキストボックス」などで「文字入力」されれば、結びつけた「変数」が変わる。

という処理を実現します。

これが自動で行なわれるので、開発者は、それを実現するためのコードを、ほとんど記述しなくてよいのです。

■ 配列を表として出力する

同様にして、データとして「配列」をバインディングすると、それが要素の数だけ展開出力されます。

たとえば、**List 14-3** に示すプログラムを実行すると、**図 14-5** のように表示されます。

List 14-3 では、データを、

```
data: {
  items : [
  { name : '商品A', price : 29800 },
  { name : '商品B', price : 19800 },
  …略…]
}
```

のように「items という名前の配列」として用意しています。
このとき、HTML 側では、

```
<tr v-for="item in items">
  <td>{{item.name}}</td>
  <td>{{item.price}}</td>
</tr>
```

のように「v-for」というディレクティブを指定すると、その HTML 要素が配列の要素の数だけ展開出力されます。

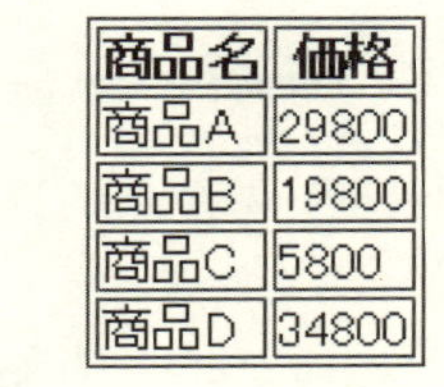

商品名	価格
商品A	29800
商品B	19800
商品C	5800
商品D	34800

図 14-5　List 14-3 の実行結果

List 14-3　配列を表として出力する例

```
<!DOCTYPE html>
<body>
<script src="http://cdn.jsdelivr.net/vue/1.0.15/vue.min.js">
</script>
<script>
var demo;
window.onload = function() {
  demo = new Vue({
    el: '#mytable',
    data: {
      items : [
        { name : '商品A', price : 29800 },
        { name : '商品B', price : 19800 },
        { name : '商品C', price : 5800},
        { name : '商品D', price : 34800}
      ]
    }
  });
};
```

```
</script>
<table border="1" id="mytable">
  <tr><th> 商品名 </th><th> 価格 </th></tr>
  <tr v-for="item in items">
    <td>{{item.name}}</td>
    <td>{{item.price}}</td>
  </tr>
</table>
</body>
</html>
```

■ 条件分岐する

「Vue.js」では、「v-if」という構文を使って、条件が成り立つときだけ出力することもできます。

たとえば、

```
<tr v-for="item in items"
  v-if="item.price >= 10000">
  <td>{{item.name}}</td>
  <td>{{item.price}}</td>
</tr>
```

のように記述すると、「item.price」が 10000 以上のデータだけ出力されます。

■ フィルタを使って書式を変える

「Vue.js」には、出力形式を整える「フィルタ」という機能もあります。

たとえば、**List 14-3** で、

```
<td>{{item.price}}</td>
```

という箇所を、

```
<td>{{item.price | currency "￥"}}</td>
```

のように、後ろに「| currency」を指定すると、currency フィルタが適用されます。

このフィルタは、3 桁ごとにカンマを入れるもので、実行結果は、**図 14-6** のようになります。

商品名	価格
商品A	￥29,800.00

図 14-6 currency フィルタを適用したところ

「currency フィルタ」では、小数２桁まで表示されます。

小数を表示したくないなら（日本の場合は「円」の単位までで「銭」の単位まで表示することはないので、普通はそうしたいでしょう）、自作のカスタムフィルタを作って対応します。

■ フィルタを使った絞り込みと並べ替え

フィルタには、「絞り込み」や「並べ替え」機能もあります。

List 14-4 のプログラムは、テキストボックスに入力した製品だけに絞り込む機能をもちます。

また表ヘッダの［価格］をクリックすると、価格順で並べ替えられます。

商品名	価格
商品C	5800

図 14-7　List 14-4 の実行結果

List 14-4　絞り込みや並べ替えの例（抜粋）

```
<script>
var demo;
window.onload = function() {
  demo = new Vue({
    el: '#mytable',
    data: {
      filter : "",
      desc : 1,
      items : [ …略… ]
    },
    methods: {
      onClickPrice : function() {
        this.order = (this.order) ? "" : "price";
      }
    }
  });
};
</script>
<div id="mytable">
<input type="text" v-model="filter">
<table border="1">
  <tr>
      <th> 商品名 </th>
      <th><a href="#" @click="onClickPrice()"> 価格 </a></th>
  </tr>
  <tr v-for="item in items | filterBy filter in 'name' | orderBy
'price' desc">
```

```
      <td>{{item.name}}</td><td>{{item.price}}</td>
    </tr>
</table>
</div>
```

List 14-4 でポイントとなるのは、次の行です。

```
<tr v-for="item in items | filterBy filter in 'name' |  orderBy 'price' desc">
```

絞り込むのが「filterBy」、並べ替えるのが「orderBy」です。

これらのフィルタで指定した変数の初期値は、次のようにしてあります。

```
data: {
  filter : "",
  desc : 1,
…略…
}
```

● 絞り込み

絞り込みのテキストボックスは、次のようにしてあります。

```
<input type="text" v-model="filter">
```

この「v-model」の指定により、入力されたテキストは「data.filter」に代入されます。

表を出力する部分では、

```
| filterBy filter in 'name'
```

を指定しているので、「items.name」が、「filter」の値、すなわち、このテキストボックスに入力したテキストを含むものだけに絞り込まれます。

● 並べ替え

「並べ替え」は、orderBy フィルタで指定します。

```
| orderBy '項目名' 順序
```

「順序」は、昇順（小さいもの順）のとき「1」、降順（大きいもの順）のとき「−1」を指定します。

List 14-4 では、

```
| orderBy 'price' desc
```

を指定しています。つまり、price の値で並べ替えられます。

ここで指定している「desc 変数」は、初期値として、

```
desc : 1,
```

を指定しているので、最初は、昇順で並びます。

［価格］ヘッダは、次のようにしてあります。

```
<a href="#" @click="onClickPrice()">価格</a>
```

「@click」は、「Vue.js」において、クリックされたときに呼び出すメソッドを指定するディレクティブです。

「onClickPrice メソッド」では、

```
onClickPrice : function() {
  this.desc = -this.desc;
}
```

のように記述しているので、クリックされるごとに、「desc」の値が「1」と「−1」と、交互に入れ替わります。

ですから、クリックするたびに、「price」の項目で「昇順」「降順」の並べ替えができるわけです。

15 D3.js

データを表にしたりグラフを描く

最近では、「見せる化」が流行ってきており、グラフを使うなどして、「データを分かりやすく出力する」ことが求められています。

そんなときに活用できるのが、「D3.js」です。

「D3.js」は、「Data-Driven Documents」の略称で、「データ駆動のドキュメントを作る」ためのライブラリです。

JavaScriptで記述されていて、クライアント・サイドで動きます。

URL	http://d3js.org/
開発者	Mike Bostock
ライセンス	BSDライセンス

■「D3.js」でできること

「D3.js」には、次の2つの主要機能があります。

① データからHTMLを生成

HTMLの動的な生成機能です。

「jQuery」のような「JavaScriptからHTMLを操作する」機能です。

「D3.js」には、「配列」などのデータをバインドして、動的なデータを生成できる機能があります。

また、「CSV形式」のデータを「配列」に変換することもできます。

② グラフを描く

グラフの描画機能です。

Webに図形を描くには、「SVG」(Scalable Vector Graphics)を使います。

「D3.js」では、①の機能と組み合わせることで、各種データを、簡単な操作でグラフ化できます。

作ったグラフは、マウスやキーボード操作できます。

たとえば、「グラフをクリックすると値が増減する」、「区間をドラッグすると、その部分が拡大表示される」などのユーザー・インターフェイスを作ることもできます。

＊

「D3.js」では、一般的な棒グラフや円グラフだけでなく、樹形図やダイアグラムなど、凝ったグラフを作ることもできます（**図 15-1**）。

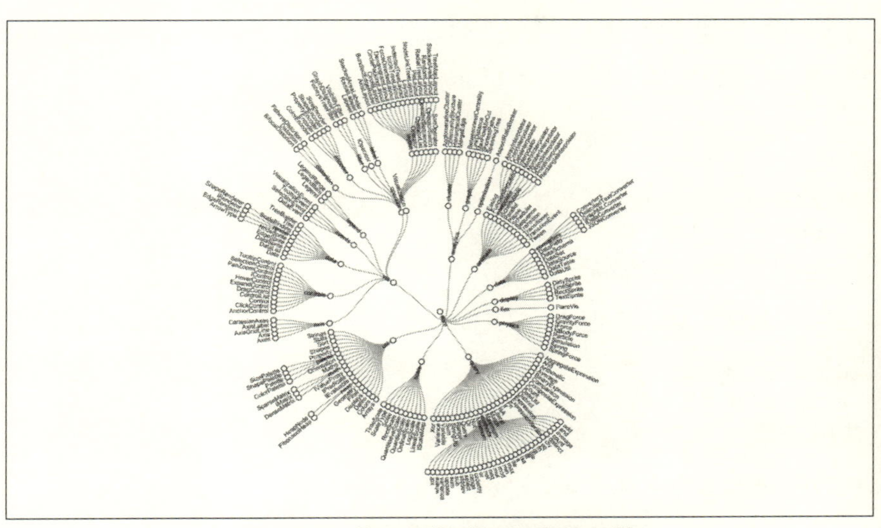

図 15-1 「D3.js」で描いたグラフの例

■「D3.js」の基本的な使い方

「D3.js」を利用するには、「D3.js」のサイト（http://d3js.org/）から、「d3.zip」というファイルをダウンロードします。

※ または、「GitHub」からソースを取得。

zip ファイルを展開すると「d3.js」と、「d3.min.js」（d3.js の余分な空白などを縮めて短くしたもの）の 2 つがあります。

どちらも内容は同じです。

HTML ファイルに、

```
<script type="text/javascript" src="d3.js" charset="utf-8">
</script>
```

のように組み込むと、「D3.js」を利用できます。

● HTML 要素の操作

「D3.js」では、「jQuery」のように、「要素を指定」して、その場所に、コンテンツを挿入できます。

この操作の基本が、**List 15-1** です。これには、

```
<div id="myid"></div>
```

という、「myid」という ID 値を付けた要素が用意されています。

「D3.js」を使って、

```
d3.select('#myid')
  .append("p")
  .text(" 新しい P 要素 ");
```

のように処理すると、この div 要素の内部に「p 要素」が作られ、結果として、

```
<div id="myid">
<p> 新しい P 要素 </p>
</div>
```

というように、「p 要素」を追加できます。

List 15-1　HTML 要素の操作の基本

```
<html>
<script type="text/javascript" src="d3.js" charset="utf-8">
</script>
<script type="text/javascript">
  window.onload = function() {
    d3.select('#myid')
    .append("p")
    .text(" 新しい P 要素 ");
  };
</script>
<body>
  <div id="myid"></div>
</body>
</html>
```

● SVG を使った例

「D3.js」では、SVG を使って描画できます。

たとえば、**List 15-2** のようにすると、座標「100,100」を中心とした、半径「30」の「円」を描けます。

List 15-2 円を描く例

```
<html>
<script type="text/javascript" src="d3.js" charset="utf-8">
</script>
<script type="text/javascript">
  window.onload = function() {
  d3.select('#svg')
     .append("circle")
     .attr("cx", 100)
     .attr("cy", 100)
     .attr("r", 30);
  };
</script>
<body>
  <svg id="svg"></svg>
</body>
</html>
```

■ データ・バインドする

D3.js の強みは、「配列などのデータ」をバインドして、それを出力できるという点です。

● データ・バインドの基本的な例

たとえば **List 15-3** は、配列を展開して、li 要素を作る、簡単なサンプルです。

List 15-3 では、次のように出力したいデータを配列として用意しています。

```
var datas = ["リンゴ", "バナナ", "ミカン"];
```

そして、差し込む先の ul 要素は、次のように、ID 値「ultag」を設定して用意しました。

```
<ul id="ultag"></ul>
```

このとき、次のようにすると、datas 配列が展開され、画面には、その数だけ li 要素が出力されます（**図 15-2**）。

```
d3.select('#ultag').selectAll('li')
  .data(datas)
  .enter()
  .append("li")
  .text(function(d, i) {return d;});
```

＊

データを設定するには、「data メソッド」を使います。

そして、そのデータの数だけ繰り返すために、「enter メソッド」を呼び出します。

設定するテキストは、先の **List 15-1** の例と同様に text メソッドを用いますが、このとき、関数を指定します。

```
function(d, i) { …処理…}
```

この「戻り値」が、「設定される値」となります。

引数「d」は、データの値。つまりこの例であれば、呼び出されるたびに「リンゴ」「バナナ」「ミカン」となります。

引数「i」は、データの順序を示すインデックスで、呼び出されるたびに、「0」「1」「2」…となります。

List 15-3　データ・バインドの例

```
<html>
<script type="text/javascript" src="d3.js" charset="utf-8">
</script>
<script type="text/javascript">
  window.onload = function() {
    var datas = ["リンゴ", "バナナ", "ミカン"];
    d3.select('#ultag').selectAll('li')
    .data(datas)
    .enter()
    .append("li")
    .text(function(d, i) {return d;});
  };
</script>
<body>
    <ul id="ultag"></ul>
```

```
</body>
</html>
```

• リンゴ
• バナナ
• ミカン

図 15-2 List 15-3 の実行結果

● データから表を作る例

「2次元の配列を与えて表を作る」こともできます（List 15-4）。

2次元の配列の場合は、展開したデータをさらにdataメソッドでバインドする「入れ子の構造」になります。

子のデータを展開するには、

```
return d3.entries(d);
```

のようにします。

そして、その「値」を取得するには、

```
return d.value;
```

のように、valueプロパティを参照します。

List 15-4 データから表を作る例

```
<html>
<script type="text/javascript" src="d3.js" charset="utf-8">
</script>
<script type="text/javascript">
  window.onload = function() {
    var datas = [
      ["北海道", "5,430,909", "78,421"],
      ["青森県", "1,336,155", "9,644"],
      ["岩手県", "1,294,453", "15,278"]
    ];

    d3.select('#tabletag').selectAll('tr')
      .data(datas)
      .enter()
      .append("tr")
        .selectAll('td')
        .data(function (d, i) {
          return d3.entries(d);
```

```
        })
        .enter()
        .append('td')
        .text(function(d, i) {return d.value;});
  };
</script>
<body>
  <table id="tabletag" border="1"></table>
</body>
</html>
```

北海道	5,430,909	78,421
青森県	1,336,155	9,644
岩手県	1,294,453	15,278

図 15-3 List15-4 の実行結果

■ CSV ファイルを読み込む

「D3.js」には、「CSV ファイル」(カンマ区切りテキスト)や「TSV ファイル」(タブ区切りテキスト)、「JSON」などのデータを読み取るメソッドが用意されています。

これらのメソッドを使うと、既存のデータを表にしたりグラフにしたりできます。

最近、総務省が「オープンデータ戦略」を打ち出しており、さまざまな情報を「CSV 形式」や「XML 形式」などのプログラムで読み込める形式で配布しています。

＊

ここでは、「八王子市」が提供するオープンデータ※の「人口データ※※」を読み込んで、表形式で表示する例を示します。

用いるのは、「平成 26 年度町丁別世帯数及び人口 (8 月末日現在)」という CSV ファイル※※※です。

> ※ http://www.city.hachioji.tokyo.jp/open_data/index.html
> ※※ http://www.city.hachioji.tokyo.jp/open_data/44770/044771.html
> ※※※ http://www.city.hachioji.tokyo.jp/dbps_data/_material_/_files/000/000/044/899/chouchoubetsu_jinkou_2608.csv

このファイルは、

```
"対象年月","大字カナ","大字名称","世帯数","人口__合計","人口__男","人口__女","人口__その他","日本人世帯数","外国人世帯数","複数国籍世帯数","人口__日本人__男","人口__日本人__女","人口__日本人__他","人口__外国人__男","人口__外国人__女","人口__外国人__他"
201408,ﾖｺﾔﾏﾁﾖｳ,横山町,1142,2044,998,1046,0,1064,57,21,958,983,0,40,63,0
…以下略…
```

というように、地区ごとに「世帯数」「人口」などが記述されています。

＊

このファイルを読み込んで画面に表として表示するには、**List 15-5** のようにします。

実行にあたっては、この「CSV ファイル」を、あらかじめ **List 15-5** と同じ場所に「jinko.csv」というファイル名で置いておくことにします。

このとき、**List 15-5** に示したように、

```
d3.csv("jinko.csv", function(error, datas){
  if (!error) {
    …datas に csv データが入っている…
  } else {
    …エラー…
  }
}
```

というように、csv メソッドを使うと、CSV データをファイルとして読み取れます（**図 15-4**）。

> ※ JavaScript の「同一ドメインポリシー」の制約のため、CSV ファイルは、**List 15-5** と同じサーバに配置しておく必要があります。

List 15-5 CSV を読み取る例

```
<html>
<script type="text/javascript" src="d3.js" charset="utf-8">
</script>
<script type="text/javascript">
  window.onload = function() {
    d3.csv("jinko.csv",
      function(error, datas) {
```

```
      if (!error) {
        d3.select('#tabletag')
          .selectAll('tr')
          .data(datas)
          .enter()
          .append("tr")
          .selectAll('td')
          .data(function (d, i) {
            return d3.entries(d);
          })
        .enter()
        .append('td')
        .text(function(d, i) {
          return d.value;});
      } else {
        alert(error);
      }
    });
  };
</script>
<body>
<table id="tabletag" border="1">
</table>
</body>
</html>
```

201408	ﾖｺﾔﾏﾁﾖｳ	横山町	1142	2044	998	1046	0	1064	57	21	958	983	0	40	63	0
201408	ﾖｳｶﾏﾁ	八日町	1304	2605	1240	1365	0	1220	48	36	1195	1290	0	45	75	0
201408	ﾊﾁﾏﾝﾁﾖｳ	八幡町	954	1938	947	991	0	924	18	12	940	958	0	7	33	0
201408	ﾔｷﾁﾖｳ	八木町	465	878	452	426	0	447	13	5	443	412	0	9	14	0
201408	ｵｲﾜｹﾁﾖｳ	追分町	913	1588	825	763	0	849	56	8	780	732	0	45	31	0
201408	ｾﾝﾆﾝﾁﾖｳ1	千人町1丁目	767	1408	696	712	0	726	38	3	674	690	0	22	22	0
201408	ｾﾝﾆﾝﾁﾖｳ2	千人町2丁目	1220	2075	1017	1058	0	1149	61	10	969	1027	0	48	31	0
201403	ｾﾝﾆﾝﾁﾖｳ3	千人町3丁目	1138	2193	1104	1089	0	1090	37	11	1073	1058	0	31	31	0
201408	ｾﾝﾆﾝﾁﾖｳ4	千人町4丁目	647	1191	633	558	0	621	26	0	613	548	0	20	10	0
201408	ﾋﾖｼﾁﾖｳ	日吉町	586	1119	548	571	0	560	18	8	537	554	0	11	17	0
201408	ﾓﾄﾎﾝｺｳﾁﾖｳ1	元本郷町1丁目	821	1597	825	772	0	794	12	15	822	744	0	3	28	0
201408	ﾓﾄﾎﾝｺｳﾁﾖｳ2	元本郷町2丁目	619	1253	594	659	0	609	5	5	590	650	0	4	9	0
201408	ﾓﾄﾎﾝｺｳﾁﾖｳ3	元本郷町3丁目	618	1309	661	648	0	605	8	5	654	637	0	7	11	0
201408	ﾓﾄﾎﾝｺｳﾁﾖｳ4	元本郷町4丁目	649	1395	684	711	0	635	9	5	676	704	0	8	7	0
201408	ﾋﾗｵｶﾁﾖｳ	平岡町	763	1482	715	767	0	725	29	9	692	744	0	23	23	0
201408	ﾎﾝｺｳﾁﾖｳ	本郷町	297	557	264	293	0	286	4	7	262	282	0	2	11	0
201408	ｵｵﾖｺﾁﾖｳ	大横町	517	917	482	435	0	489	21	7	468	417	0	14	18	0
201408	ﾎﾝﾁﾖｳ	本町	1036	1918	959	959	0	990	26	20	939	924	0	20	35	0
201408	ﾓﾄﾖｺﾔﾏﾁﾖｳ1	元横山町1丁目	641	1263	627	636	0	611	24	6	604	615	0	23	21	0
201408	ﾓﾄﾖｺﾔﾏﾁﾖｳ2	元横山町2丁目	1060	1945	980	965	0	999	45	16	954	920	0	26	45	0
201408	ﾓﾄﾖｺﾔﾏﾁﾖｳ3	元横山町3丁目	998	1834	941	893	0	972	17	9	927	868	0	14	25	0

図 15-4　List15-5 の実行結果

■「棒グラフ」を描く

「D3.js」には、「SVG」を使った「描画機能」があり、「グラフ」を描くことができます。

「棒グラフ」を描きたければ、SVG の四角形で表現します。

*

「四角形」を描画するには、「rect 要素」を使います。

たとえば、

```
<svg id="svg" width="500" height="300">
  <rect x="0" y="20" width="20" height="280" fill="#aaaaaa" />
  <rect x="20" y="100" width="20" height="200" fill="#555555" />
  <rect x="40" y="60" width="20" height="240" fill="#880088" />
</svg>
```

というように、svg 要素の中に、「x 座標」「y 座標」「幅」「高さ」「色」を指定した「rect 要素」を記述すると、「四角形」を描画できます。

● データから棒グラフを作成する

List 15-5 では、「table」「tr」「td」の各要素を出力したので「表」になりましたが、その代わりに、「svg」「rect」の各要素を出力すれば、「棒グラフ」になります（**List 15-6**）。

List 15-6 では、「幅 4000pix」「高さ 300pix」の svg 要素を用意しています。

*

CSV から読み込んだデータのそれぞれの行の列の値は、

```
function(d, i) {
  d["1 行目のヘッダ名 "];
}
```

のように、1 行目のヘッダ名を要素としてアクセスできます。

たとえば、この「八王子市の人口 CSV データ」の場合、人口は「d[" 人口_合計 "]」、市区町村名は「d[" 大字名称 "]」で取得できます。

List 15-6 では、これらの値から、描画する四角形の「頂点座標」や「高さ」を計算して、「rect 要素」を生成しています。

また、「ラベル」を表示するために、「text 要素」も加えています。

*

結果は、**図15-5**のようになります。

このグラフは不格好ですし、軸も表示されていませんが、「見栄え」は、「SVG」の要素をどのように構成するかによって決まるので、「見栄え」を良くすることは、難しいことではありません。

*

「d3.js」を使うと、「データ列を展開して、それぞれの要素からHTML要素を生成する処理」を実現できます。

「d3.js」は、「データを可視化」する、「データ・ビジュアリゼーション」の分野で注目を集めています。

今回は説明しませんでしたが、マウス操作でグラフを動かしたり、地図とデータとをマッピングしたりする機能もあります。

「データを見栄え良くWebに表示したい」という場面で、ぜひ活用してみてください。

List 15-6 棒グラフを描く例（抜粋）

```
window.onload = function() {
  d3.csv("jinko.csv", function(error, datas) {
    if (!error) {
      //svg要素を作る
      var w = 4000, h = 300;
      var svg = d3.select("body")
        .append("svg")
        .attr("width", w)
        .attr("height", h);
      //「人口_合計」の最大値を得ておく
      var maxdata = d3.max(
        datas, function(d) {
          return parseFloat(d["人口_合計"]);
      });

      // 高さの値を倍率計算できる関数
      var scale = d3.scale.linear()
        .domain([0, maxdata])
        .range([0, h]);

      //rect要素を加える
      svg.selectAll("rect")
```

```
        .data(datas)
        .enter()
        .append("rect")
        .attr("x", function(d, i) {
            // 横位置を返す
            return i * (w / datas.length);
        })
        .attr("width", function(d, i) {
            // 幅を返す
            return w / datas.length;
        })
        .attr("y", function(d, i) {
            // 縦位置を返す
            return h - scale(parseFloat(d["人口_合計"]));
        })
        .attr("height", function(d, i) {
            // 高さを返す
            return scale(parseFloat(d["人口_合計"]));
        })
        .attr("fill", "#555555");

        // ラベルを描く
        svg.selectAll("text")
          .data(datas)
          .enter()
          .append("text")
          .attr("x", function(d, i) {
            // 横位置を返す
            return i * (w / datas.length);
          })
          .attr("y", function(d, i) {
            // 縦位置を返す
            return h;
          })
          .attr("font-familly", "sans-serif")
          .attr("font-size", "10px")
          .attr("transform", function(d, i) {
            return "rotate(-90 " +
              i * (w / datas.length) + ","+ h +")";
          })
          .attr("dy", function(d, i) {
          return w / datas.length * 0.5;
          })
          .attr("fill", "#ff0000")
          .text(function(d, i) {
            return d["大字名称"] + "(" + d["人口_合計"] + "人)";
          });
      });
};
```

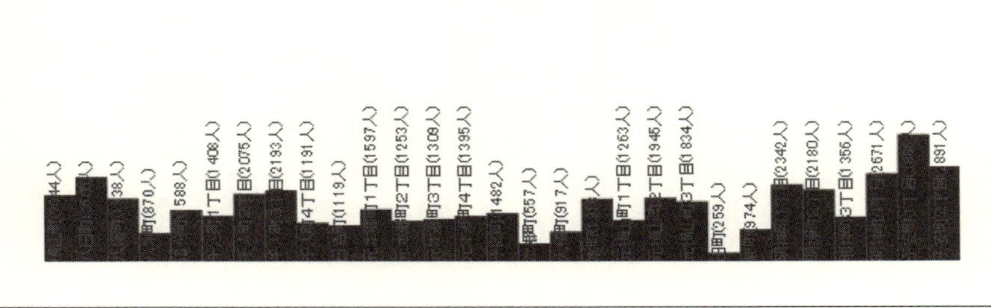

図 15-5　棒グラフの例

【コラム】

　ここでは、説明しませんが、「円グラフ」を描くこともできます。
　「円グラフ」を描くには、「path」という「SVG」の要素を使います。
　なお、要素を示す「円弧」の座標を計算する関数は、「D3.js」で提供されているため、その関数を呼び出すだけですみ、プログラマーが座標を計算する必要はありません。

16 CakePHP

DBアプリを簡単に作れるフレームワーク

業務システムのデータは、「データベース」(DB)に保存することがほとんどです。

「Webシステム」として構築するなら、「入力フォーム」を作って、エラーチェックしたうえで、「データベース」に保存する処理が必要になります。

そんな実装の手間を大幅に軽減してくれるのが、「CakePHP」(ケーク・ピーエイチピー)です。

URL	http://cakephp.jp/
開発者	Cake Software Foundation, Inc.
ライセンス	MITライセンス

■「テーブル定義」から「フォーム」を作る

「CakePHP」は、「データベース」との親和性が高いフレームワークです。

「テーブル定義」から、「入力フォーム」や「データベース処理」を自動生成できます。

※「CakePHP」のインストールや設定方法は、http://book.cakephp.org/2.0/ja/getting-started.html などを参照してください。

●「テーブル」を作る

ここでは例として、「氏名」「タイトル」「メールアドレス」「コメント」を投稿できる、簡単な掲示板を作りたいと思います。

「CakePHP」は、「MySQL」「PostgreSQL」「SQL Server」「SQLite」に対応しています。

ここでは、「PostgreSQL」を使ってみます。

List16-1のクエリを実行して、「comments」テーブルを作ります。

List 16-1 「comments」テーブルを作成する

```
CREATE TABLE comments (
  id SERIAL PRIMARY KEY,
  title VARCHAR(80) NOT NULL,
  email VARCHAR(255) NOT NULL,
  comment TEXT,
  created timestamp NOT NULL,
  modified timestamp NOT NULL
);
```

CakePHPではテーブル名や列に、いくつかの規約があります。その規約に従うことで、コードの大半が自動生成されます（従わないときは、ひとつひとつ名前をマッピングするコードを書かなければならなくなります）

---

① テーブル名

「comments」のように、最後に「s」を付けて複数形とします。

② 「id」と「title」

主キーとなるフィールドの名称は、「id」とします。また見出しフィールドは、「title」または、「name」にします。

すると、「キーと値のペア」を取得するときに、これらの値が取れるようになります（ここでは、この機能は使いません）。

③ 「created」と「modified」

「created」と「modified」というフィールドを作成しておくと、保存および更新日時が、それぞれ自動的に設定されるようになります。

●「CakePHP」でデータベースを設定

テーブルを作ったら、「CakePHP」を初期設定します。まずは、利用するデータベースへの接続設定を、「app/Config/database.php」ファイルに記述します。

「PostgreSQL」の場合は、**List 16-2**のようにします。

ここで、「mydatabase」は「データベース名」、「myuser」は「ユーザー名」です。

List 16-2　database.php ファイル

```
public $default = array(
  'datasource' => 'Database/Postgres',
  'persistent' => false,
  'host' => '127.0.0.1',
  'login' => 'myuser',
  'password' => 'パスワード',
  'database' => 'mydatabase',
  'prefix' => '',
  'encoding' => 'utf8',
);
```

●「モデル」を記述する

データを加工したり、入力値をチェックしたりするコードを記述します。

CakePHP では、このようなデータ構造を示すコード・モジュールを「モデル（Model）」と言います。

モデル名は、テーブル名を大文字にして単数形にしたもので、Model ディレクトリに配置します。「app/Model/Comment.php」に、List 16-3 の内容を記述してください。

List 16-3 は、値の入力チェックをする「バリデータ（validator）」と呼ばれるルールを設定しています。

これによって、入力された項目が長すぎたり、書式が期待通りでなかったりするときには、エラーが表示されるようになります。

List 16-3　Comment.php

```
<?php
class Comment extends AppModel {
  public $validate = array(
    'title' => array(
      array('rule' => 'notEmpty',
        'message' => 'タイトルを入力してください'),
      array('rule' => array('maxLength', 80),
        'message' => 'タイトルが長すぎます')
    ),
    'email' => array(
      array('rule' => 'notEmpty',
        'message' => 'メールアドレスを入力してください'),
      array('rule' => array('maxLength', 255),
```

```
            'message' => 'メールアドレスが長すぎます'),
        array('rule' => 'email',
            'message' => 'メールアドレスが正しくありません。'),
        )
    );
}?>
```

● コントローラを記述する

ユーザーが操作したときの処理を記述します。このようなコード・モジュールを「コントローラ（Controller）」と言います。

このファイルは、「app/Controller/ComponentsController.php」のように、テーブル名の後ろに「Controller.php」を付けたファイル名にします。

ここでは、「投稿する add メソッド」と「一覧表示する index メソッド」を用意します（**List 16-4**）。

① add メソッド

投稿データを DB にレコードとして追加する処理をします。

create メソッドを呼び出すと新しいレコードの構造が作られます。

```
$this->Comment->create();
```

そして、save メソッドを呼び出すと、データベースに書き込まれます。

```
$this->Comment->save($this->request->data);
```

② index メソッド

一覧を取得する処理をします。find メソッドを呼び出すと、条件に合致したレコード一覧を取得できます。

List 16-4 では、すべて（all）のレコードを取得し、それを comments という名前で、次に説明する「ビュー」から参照できるようにしています。

```
$this->set('comments',
  $this->Comment->find('all',
      array('order' => 'created desc')));
```

List 16-4　ComponentsController.php

```
<?php
class CommentsController extends AppController {
  public $helpers = array('Html', 'Form');

  public function add() {
    if ($this->request->is('post'))
    {
      $this->Comment->create();
      if ($this->Comment->save($this->request->data)) {
        $this->Session->setFlash(' 保存しました ');
        return $this->redirect(array('action' => 'index'));
      }
      $this->Session->setFlash(' 保存に失敗しました ');
    }
  }

  public function index() {
    $this->set('comments',
      $this->Comment->find('all',
        array('order' => 'created desc')));
  }
}
?>
```

●「ビュー」を記述する

ユーザーに表示するテンプレートを用意します。

「投稿する add メソッド用」と「一覧を見る index メソッド用」の２つが必要です（List 16-5、List 16-6）。

それぞれ、「app/View/add.ctp」「app/View/index.ctp」として配置します。

List 16-5　add.ctp

```
<h1> 投稿をどうぞ </h1>
<?php
echo $this->Form->create('Comment');
echo $this->Form->input('title', array('label' => 'タイトル'));
echo $this->Form->input('email', array('label' => 'メールアドレス'));
echo $this->Form->input('comment', array('label' => ' 本文 ', 'rows'
=> '5'));
echo $this->Form->end(' 保存 ');
?>
```

List 16-6 index.ctp

```
<h1> 投稿一覧 </h1>
  <?php foreach ($comments as $comment): ?>
  <?php echo $this->Html->link(' 新規投稿 ', 'add') ?>
  <table>
  <tr>
    <th>ID</th>
    <td><?php echo h($comment['Comment']['id'])?></td>
  </tr>
  <tr>
    <th> タイトル </th>
    <td><?php echo h($comment['Comment']['title'])?></td>
  </tr>
  <tr>
    <th> 投稿日時 </th>
    <td><?php echo h($comment['Comment']['created'])?></td>
  </tr>
  <tr>
    <th> 本文 </th>
    <td><?php echo h($comment['Comment']['comment'])?></td>
  </tr>
</table>
  <?php endforeach; ?>
```

memo ここでは、話を簡単にするため、PHP の echo を使って出力していますが、実際には、「Smarty」などのテンプレート・ライブラリと組み合わせて出力することがほとんどです。

■「フィールド」が増えても「テーブル」を変えるだけ

詳細な説明は割愛しましたが、これで、一通りの実装は終わり、実際に「データベース処理」ができます。

---

① 投稿する

Web ブラウザで、「/comments/add」にアクセスしてください。

図 16-1 の投稿画面が表示されます。

[保存] ボタンをクリックすれば、入力した内容が、データベースに保存されます。

値のチェック機能も、モデル（**List 16-3**）に記述した通りに動いており、入力漏れがあったり書式が正しくなかったりするときには、保存できません。

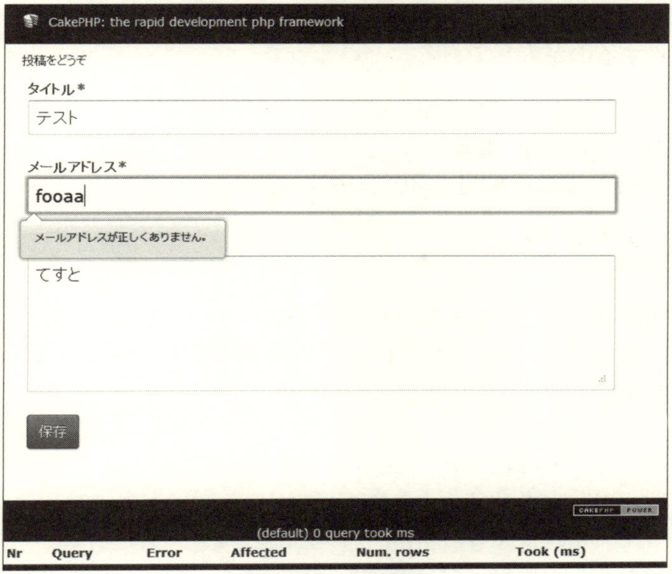

CakePHP: the rapid development php framework

投稿をどうぞ

タイトル*

テスト

メールアドレス*

fooaa

メールアドレスが正しくありません。

てすと

保存

(default) 0 query took ms

Nr	Query	Error	Affected	Num. rows	Took (ms)

図 16-1　投稿画面

② 一覧を見る

「/comments/」にアクセスすると「index」メソッドが呼び出され、投稿一覧が表示されます（**図 16-2**）。

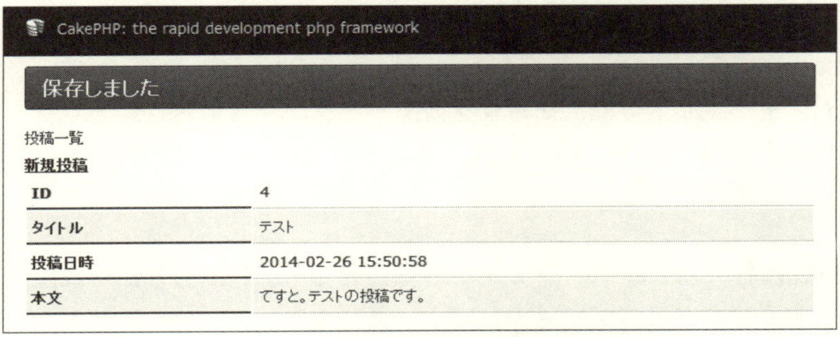

CakePHP: the rapid development php framework

保存しました

投稿一覧

新規投稿

ID	4
タイトル	テスト
投稿日時	2014-02-26 15:50:58
本文	てすと。テストの投稿です。

図 16-2　投稿一覧

＊

このように、「CakePHP」は、「ルールと、少量の定型的なコード」を記述するだけで、データベースへのデータの保存と参照を実現します。

＊

「CakePHP」の素晴らしいところは、「後からフィールドを追加したり、変更したりするのが容易である」という点です。

---

[1] テーブルにフィールドを追加する
[2]（必要なら）モデルにエラーチェック用の定義を追加する
[3] ビュー（テンプレート）にその入力欄を設ける

という3つの手順ですみます。

また、認証用のクラスもあり、データベース・テーブルに「ユーザー名」と「(暗号化した) パスワード」を保存しておけば、認証ロジックを「CakePHP」に任せられます。

*

しかしながら、「CakePHP」にも欠点はあります。それは、プログラミングが簡単がゆえの「セキュリティ」の問題です。
「CakePHP」自体がセキュリティ上の問題があるわけではありませんが、自動的な動作が、思いがけない挙動を示すことがあります。

たとえば、定められた命名規則を使って、「もしその命名規則のプログラムが存在しない」ことが分かると、デフォルトのプログラムを適用しようとします。
そのため、開発者がスペルミスをしたときには、思いがけないデフォルトの挙動が実行される危険があります。

また、デフォルトでは、デバッグ機能がオンになっており、データベースに送信されるコマンド（SQL）などの各種情報を見ることができる点にも注意してください。

「CakePHP」は、プログラミングの初心者でも、指示通りに作れば、ある程度、動くプログラムができてしまう、強力なフレームワークです。
それゆえ業務に使うときは、ドキュメントをよく読んで、どのような仕組みで動いているのかを把握したうえで利用するようにしましょう。

17 TCPDF

「PHP」で「PDF」を出力する

業務システムでは、「帳票出力」を要求されることが、多くあります。
「帳票出力」に必要となるのが、「PDF 形式への書き出し」です。
「PDF」なら、環境を問わず、寸法がピッタリと合うからです。
ここで紹介する「TCPDF」は、簡単な操作で「PDF 出力」ができ、日本語にも対応しているのが特徴です。

URL	http://www.tcpdf.org/
開発者	Nicola Asuni - Tecnick.com LTD
ライセンス	MIT ライセンス

■ 簡単なメソッドで「PDF」を作る

TCPDF では、用紙サイズや向きなどを指定して PDF を作ります。
まずは、簡単なサンプルを下に示します (List 17-1、図 17-1)。

List 17-1 PDF を出力する簡単なサンプル

```
<?php
  require_once('tcpdf/tcpdf.php');
  // P= 縦向き（横向きは「L」)。単位は mm で、A4 サイズ
  // true は内部 Unicode であることを示す
  $pdf = new TCPDF('P', 'mm', 'A4', true, 'UTF-8');
  // ヘッダとフッタをなくす
  $pdf->setPrintHeader(false);
  $pdf->setPrintFooter(false);
  // 新規ページ作成
  $pdf->AddPage();

  // フォントを設定（小塚ゴシック , 10pt）
  $pdf->SetFont('kozgopromedium', '', 10);
  // 文字出力
  $pdf->Write(0, "PDF 作成の例 ");
  // PDF を生成して返す
  $pdf->Output("example.pdf", "I");
?>
```

①「用紙サイズ」の設定

PDF を作るには、まず、「TCPDF オブジェクト」のインスタンスを作ります。このとき、「用紙サイズ」「単位」「文字コード」を設定します。

```
$pdf = new TCPDF('P', 'mm',
    'A4', true, 'UTF-8');
```

②「ヘッダ」と「フッタ」を設定する

デフォルトでは、「ヘッダ」に黒い線が入るので、「ヘッダ」を表示しないようにします。

また、「フッタ」も併せて、非表示にします。

```
$pdf->setPrintHeader(false);
$pdf->setPrintFooter(false);
```

③ 新規ページを作る

何か描画するには、新規にページを生成します。AddPage メソッドを呼び出すと、新しいページが追加されます。

```
$pdf->AddPage();
```

④「フォント」の設定

「フォント」を設定します。ここでは、「小塚ゴシック、10pt」にしました。Adobe Acrobat に搭載されている標準フォントです。

```
$pdf->SetFont(
    'kozgopromedium', '', 10);
```

任意の TrueType フォントを使うこともできます（フォントの埋め込みにも対応）。

たとえば、IPA が配布している「IPA フォント」（http://ipafont.ipa.go.jp/ipafont/）を使う場合、ダウンロードしたフォント・ファイルを適当なディレクトリ（下記の例では、fonts/ipag.ttf ファイル）に配置して、以下のように利用できます。

```
// フォントの読み込み
$ipagothic = $pdf->addTTFfont(
  './fonts/ipag.ttf');
// 設定（10pt）
$pdf->SetFont($ipagothic, '', 10);
```

⑤ 描画する

各種メソッドを呼び出して描画します。単純に文字列を書き込む場合は、次のようにします。

```
$pdf->Write(0, "PDF 作成の例 ");
```

⑥ 出力する

最後に出力します。次のようにすると、「example.pdf」という名前でダウンロードできます。

```
$pdf->Output("example.pdf", "I");
```

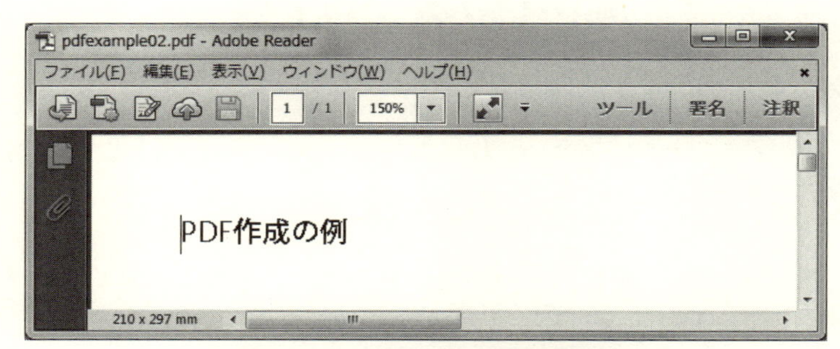

図 17-1 List 17-1 の実行結果

■「バーコード」も作れる

「TCPDF」には、指定された位置に「文字」や「線」を描いたり、「画像」を置いたりするなど、さまざまなメソッドが用意されています。

「バーコード出力」も容易です（List17-2、図 17-2）。

List 17-2 「バーコード出力」の例（抜粋）

```
// EAN13 のバーコードを作る
$pdf->write1DBarcode('4910014730243', 'EAN13', '', '', '', 18);

// QR コードを作る
$pdf->write2DBarcode('http://www.kohgakusha.co.jp/',
  'QRCODE,L', 20, 50, 20, 20);
```

図 17-2 「バーコード出力」の結果

■ 表出力も「HTML」で簡単

さて、業務システムの場合、出力したいのは、ほとんどが「帳票」で、「表」形式のデータです。

「表」形式のデータを出力する場合、もちろん、座標を計算して、そこに線を引いて作っていくこともできますが、

- 文字幅が長く、折り返して表示するときの処理
- 改ページ処理

などを考えると、途方に暮れます。

しかし、「TCPDF」なら、この問題をいくらか解決できます。なぜなら、「HTML」を PDF 化できるからです（**List 17-3、図 17-3**）。

＊

「HTML を PDF 化」する場合、余白の設定に加えて、下マージンを設定しておきます。

すると、「出力」がその位置までくると、「改ページ」するようになります。

```
// 左余白、上余白、右余白
$pdf->SetMargins(20, 15, 20);
// 下余白。ここまで来たら、改ページする
$pdf->SetAutoPageBreak(true, 15);
```

「HTML」を PDF 化するには、「writeHTML」メソッドを用います。ここでは、「example.html」の内容を出力しています。

```
$html = file_get_contents('example.html');
$pdf->writeHTML($html, true, false,true, false, '');
```

この「example.html」には、たとえば、**List 17-4** に示す「HTML」を記述しておきます。

List 17-4 では、「table 要素」を使って「表」を構成し、「CSS」を用いて「線幅」を指定しています。

```
table {
  border-collapse: collapse;
  border: 0.3mm solid #000000;
}
td,th {
  border : 0.1mm solid #000000;
  padding: 2mm;
}
```

また、「列の幅」も、「style」属性で指定しています。

```
<th style="width:20mm;text-align:center"> 日付 </th>
```

*

「TCPDF」は、「HTML」や「CSS」を、他のプログラムに頼らずに、内部で解析しています。

そのため、すべての「CSS」に対応するわけではありませんが、ほとんどの場合で充分なはずです。

なお、「HTML」のPDF化と、「TCPDF」の他のメソッドを使った出力は、併用できます。

つまり、一部は、「座標」を指定して描き、一部は「HTML」をPDF化して、それを重ねるというように混在が可能なので、仮に、「HTML」で表現できない部分があったとしても、心配ありません。

*

ここでは説明しませんでしたが、「FPDI」（http://www.setasign.com/products/fpdi/）というライブラリを組み合わせると、既存の「PDF」を読み込んで、さらにそこに文字や画像などを追加して、最終的なPDFを作ることもできます。

たとえば、会社のロゴなどをあらかじめPDFで用意しておき、そこにプログラムから、出力したい内容をさらに書き込むような使い方ができます。

List 17-3 「HTML」を出力する例（抜粋）

```
// 左余白、上余白、右余白（単位は、new TCPDFで指定したもの（「mm」））
$pdf->SetMargins(20, 15, 20);
// 下余白。ここまで来たら、改ページする
$pdf->SetAutoPageBreak(true, 15);

// HTMLを読み込んでPDF化する（example.htmlは、List17-4に示したもの）
$html = file_get_contents('example.html');
$pdf->writeHTML($html, true, false,
  true, false, '');
```

List 17-4 出力する「HTML」の例（抜粋。UTF-8コード）

```
<style type="text/css">
  body { margin: 0; padding: 0; }
  table {
    border-collapse: collapse;
    border: 0.3mm solid #000000;
  }
  td,th {
    border : 0.1mm solid #000000;
    padding: 2mm;
  }
  td.right {
    text-align : right;
  }
</style>
<body>
```

```
<span style="font-size: 20pt;">2014 年 1 月の集計 </span><br><br>
<table>
<tr>
  <th style="width:20mm;text-align:center"> 日付 </th>
  <th style="width:30mm;text-align:center"> 店舗 </th>
  <th style="width:40mm;text-align:center"> 売上金額 </th>
</tr>
<tr>
  <td>1 月 1 日 </td><td>A 支店 </td><td class="right">¥200,000</td>
</tr>
…以下略…
```

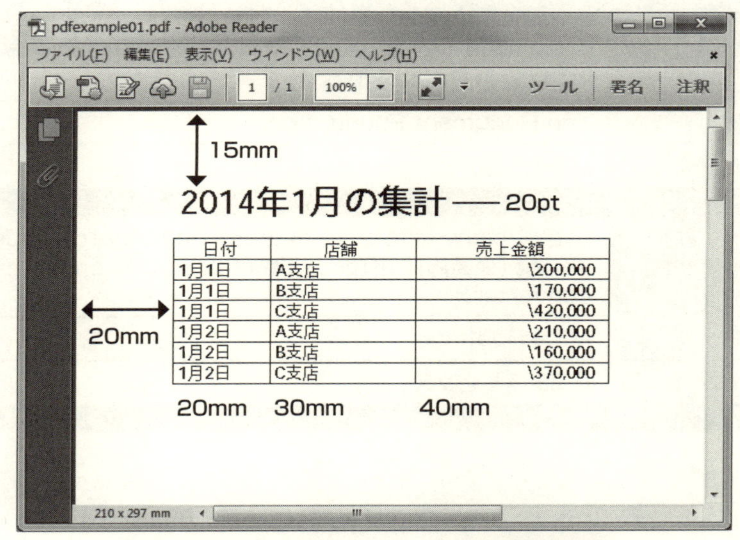

図 17-3 List 17-3、List 17-4 の実行結果

18 LibreOffice / JODConverter

オフィスドキュメントを変換・操作する

業務システムでは、Word や Excel などの「オフィスドキュメント」の取り扱いが必要になることがあります。

Word や Excel 形式のファイルをアップロードして、「記入されているデータを抽出して利用したい」とか「PDF に変換したい」という要求や、「帳票を Excel 形式でダウンロードできるようにしてほしい」という要求もあります。

そんな場面で使いたいのが、「LibreOffice」(リブレオフィス)です。

LibreOffice	https://ja.libreoffice.org/
開発者	The Document Foundation
ライセンス	LGPL

JODConverter	http://www.artofsolving.com/opensource/jodconverter (最新版は https://github.com/mirkonasato/jodconverter)
開発者	Mike Bostock
ライセンス	BSD ライセンス

※ ここでは「LibreOffice」を使いますが、同等のことは「OpenOffice」でも実現できます。

■ LibreOffice をコマンドラインから使う

「LibreOffice」は、オフィスソフトです。

普段は、キーボードやマウスを使って操作し、「ドキュメント」を作ったり「表計算」したりするのに使います。

しかし、「コマンドライン」から実行することもでき、「コマンドライン」から実行すると、各種ファイル変換ができます。

● headless 版のインストール

「コマンドライン」から操作するには、「headless 版」をインストールします。

「CentOS 6.5」の場合、次のようにしてインストールします。

```
# yum install libreoffice-headless
# yum install libreoffice-calc
```

「libreoffice-calc」は表計算ソフトです。必要なら、他にも、「libreoffice-draw」(プレゼンテーション・ソフト)などもインストールするといいでしょう。

● コマンドで変換する

「headless版」をインストールすると、次のように「convert-to引数」を使って、ファイル変換できるようになります。

【Wordドキュメントからテキストへ】

```
$ libreoffice --headless --convert-to txt:Text example.docx
```

【ExcelワークブックからCSV形式へ】

```
$ libreoffice --headless  --convert-to csv example.xlsx
```

【WordドキュメントやExcelワークブックからPDFへ】

```
$ libreoffice --headless --convert-to pdf example.docx
$ libreoffice --headless --convert-to pdf example.xlsx
```

「docx」「xlsx」ではなく「doc」や「xls」からの変換もできます。

たとえば、PDFに変換した例は、**図18-1**のようになります。

変換は、「LibreOffice」を使っていますから、「崩れるかどうか」とか「どのようなフォントが使われるのか」などは、「LibreOffice」の互換性に依存します。

そのため、マイクロソフトのWordやExcelで作ったものを、そのままレイアウトも正確にコンバートというわけにはいきません。

実際、段組の凝ったファイルなどは、若干崩れます。しかし概ね、良好だと思います。

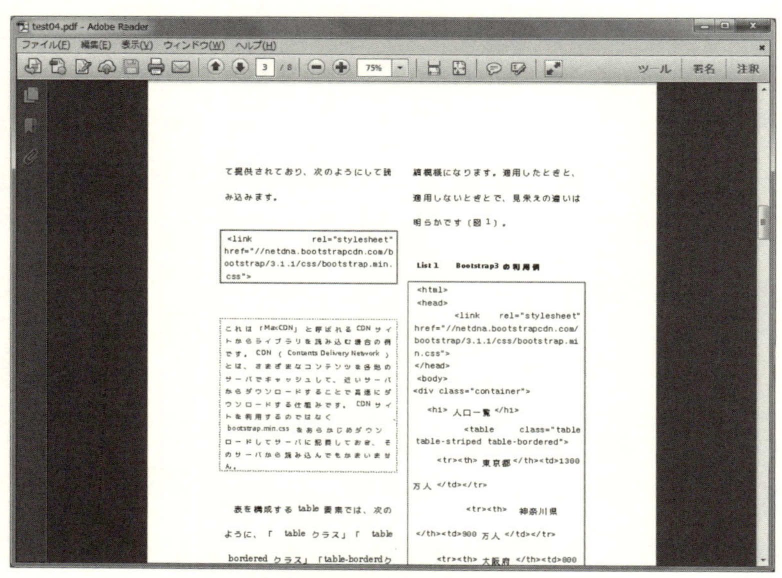

図 18-1　PDF への変換例

■「JODConverter」を使って変換する

このようにコマンドラインからファイル変換するだけでも充分に実用的です。

しかし「LibreOffice」は、「UNO」（http://api.libreoffice.org/）というインターフェイスを使って、プログラムから制御できます。

> ※ UNO（ユーノウ）…「Universal Network Objects」の略で、Windows で言うところの「ActiveX コンポーネント」や「COM コンポーネント」に相当する技術。

＊

システムから操作する場合は、UNO のほうが、使い勝手がいいです。

● Java から「UNO」経由で操作する「JODConverter」

「UNO」を使ったライブラリのうち、有名なのが「JODConverter」（JODC コンバータ）です。Java 用のライブラリで、Word や Excel のファイルを PDF に変換したいときに、よく使われます。

「JODConverter」を使うと、たとえば、**List 18-1** のプログラムを使って、「Excel ファイル」を「PDF ファイル」に変換できます。

UNO は、TCP/IP のユーザー・インターフェイスです。

List 18-1 では、「ポート 8100 番」で待ち受けるようにして、「LibreOffice」を起動しています。

```
// パスやポートの設定
config.setOfficeHome("/usr/lib64/libreoffice");
config.setPortNumber(8100);
OfficeManager officeManager = config.buildOfficeManager();
// 起動
officeManager.start();
```

そしてこの「ポート 8100」に接続することで、「LibreOffice」で変換します。

List 18-1 JODConverter を使ってファイルを変換する例

```
import java.io.File;
import org.artofsolving.jodconverter.OfficeDocumentConverter;
import org.artofsolving.jodconverter.office.DefaultOfficeManage
rConfiguration;
import org.artofsolving.jodconverter.office.OfficeManager;

public class convexample {

  public static void main(String[] args) {
    // 接続先の指定
    DefaultOfficeManagerConfiguration config =
      new DefaultOfficeManagerConfiguration();
    config.setOfficeHome("/usr/lib64/libreoffice");
    config.setPortNumber(8100);
    OfficeManager officeManager = config.buildOfficeManager();

    // LibreOffice の起動
    officeManager.start();

    // 変換
    OfficeDocumentConverter converter =
      new OfficeDocumentConverter(officeManager);
    converter.convert(
      new File("tmp.xlsx"), new File("tmp.pdf"));

    // LibreOffice の終了
    officeManager.stop();
  }
}
```

●「tomcat」と連動して「ドキュメント変換サーバ」を作る

「JODConverter」には、「Webサービス版」も提供されています。

「Webサービス版」は、Javaのサーブレットとして構成されており、「Apache Tomcat」(http://tomcat.apache.org/)で実行できます。

「Webサービス版」をインストールすると、**図18-2**の画面が表示され、ファイルをアップロードして、PDFファイルなどに変換できます。

＊

なお、このとき、LibreOfficeがポート8100で待ち受けている必要があります。

事前に、コマンドラインから、次のコマンドを実行して、LibreOfficeを常駐させ、ポート8100で待ち受けるようにしておいてください。

```
$ libreoffice --headless --accept="socket,port=8100;urp;" &
```

JODConverter Web Application

Convert office documents

Document: 参照... ファイルが選択されていません。

Convert To: Portable Document Format (pdf) Convert!

See the JODConverter home page for more information about JODConverter.

図18-2 JODConverterのWebサービス機能

● PHPなどからアクセスする

「UNOインターフェイス」は、汎用的なものであり、Java以外にもC言語などからも利用できます。

しかし、やり取りがバイナリデータなので、PHPやRubyなどのスクリプト言語からは、少し、操作しにくい面もあります。

「JODConverter」は、この問題も解決します。なぜなら、「JODConverter」は「Web API」をもっているからです。

＊

仮に、「JODConverter」がインストールされて、

```
http://localhost:8080/jodconverter-webapp/
```

というURLで動作している場合、Webサービスの URL は、この後ろに「service」を付けた、

```
http://localhost:8080/jodconverter-webapp/service
```

というURLです。

実際に、**List 18-2** に示すプログラムを使って、PHP からファイルの変換操作ができます。

List 18-2 PHPから操作する

```
<?php
require_once 'HTTP/Request.php';

$url = "http://localhost:8080/jodconverter/service";

// Word ファイルを取得
$fromdata = file_get_contents("example.docx");

// リクエスト送信
$req = new HTTP_Request($url);
$req->setMethod("POST");
$req->addHeader("Content-Type", "application/msword");
$req->addHeader("Accept", "application/pdf");
$req->setBody($fromdata);
$req->sendRequest();

// 結果を取得
$result = $req->getResponseBody();
file_put_contents("example.pdf", $result);
?>
```

■ 軽量なライブラリを使ったほうが良い場面も

UNO インターフェイスでは、「テキストの変更」の操作もできるため、サーバ上で Word や Excel ドキュメントを作り、その結果をクライアントに返す、という用途にも利用できます。

*

「LibreOffice」を使った操作は、「LibreOffice」でできることは何でもできるため、多機能なのが特徴です。
反面、「LibreOffice」は大きなソフトなので、そのぶん、メモリを消費しますし、実行速度も遅くなりがちです。

もし、サーバ側から、ちょっとした文字列をWord形式やExcel形式で出力したいだけなら、もっと軽量なライブラリを使ったほうがいいかもしれません。

たとえば、Excel形式のファイルを操作するなら、「Apache POI」(http://poi.apache.org/)のほうが、「LibreOffice」よりも軽量です。

19 Poppler

PDFファイルを画像に変換する

「Poppler」は、PDFファイルを解析し、テキストの抽出や、JPEG形式やPNG形式などの画像に変換できるライブラリです。

UNIX系のPDFビューア・ソフトである「Xpdf」(http://www.foolabs.com/xpdf/)をベースとしています。Xpdfは、「X Window System」を前提としていますが、Popplerは、「Cairo」(http://cairographics.org/)という描画ライブラリを用いているので、X Window Systemのインストールが必要ありません。

また、UNIX系以外のWindowsなどのOSでも動作します。

URL	http://poppler.freedesktop.org/
開発者	freedesktop.org
ライセンス	GPL

※ PopplerのWindows版は、http://sourceforge.net/projects/poppler-win32/から入手できる。

■ PDFファイルを解析する

● Popplerをインストールする

Popplerは、多くのLinuxディストリビューションにおいて、パッケージとして提供されています。

たとえば、CentOS6の場合、次のようにしてインストールできます。

```
# yum install poppler-devel
```

CentOS6の場合、「poppler-devel」をインストールすると、日本語を扱うのに必要となる「poppler-data」や、各種ツールの「poppler-utils」もインストールされます。

● テキストやHTMLに変換する

Popplerには、いくつかの変換ユーティリティが含まれます。

たとえば、「pdftotextコマンド」を使うと、PDFファイルからテキスト・データを抽出できます。

```
$ pdftotext PDFファイル名
```

変換すると、同名のテキスト・ファイルが作られます（オプション指定で、そのまま標準出力に出力することもできます）。

また「pdftohtmlコマンド」を使うと、HTMLファイルに変換できます。

```
$ pdftohtml PDFファイル名
```

pdftohtmlコマンドでHTMLを生成したときは、HTMLフレームを使ったファイル群となります。HTMLへの変換では、画像も変換されます。

「-cオプション」を指定すると、1つのファイルではなく、それぞれのページを別ファイルとして生成できます。

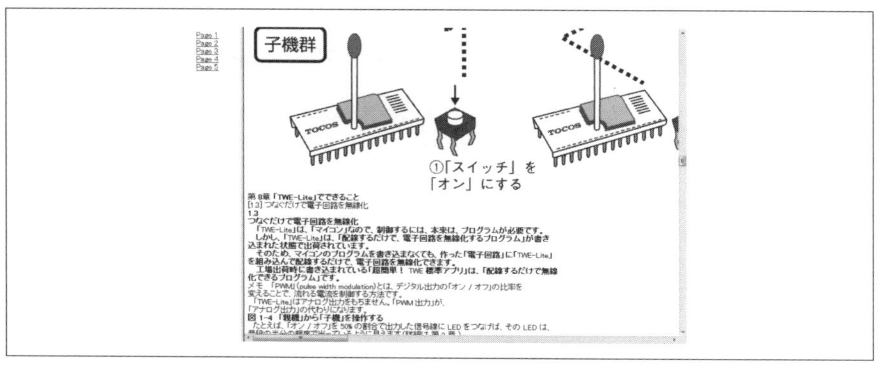

図19-1　HTMLに変換した例

● 画像に変換する

図19-1を見ると分かるように、「HTML形式」では画像も表示されるとはいえ、レイアウトは崩れます。

＊

レイアウトを、そのまま変換したいときは、ページ全体を画像ファイルに変換したほうがいいでしょう。

画像ファイルに変換するには、「pdftoppm」コマンドを使います。

デフォルトでは、UNIX系の画像ファイル形式として、よく使われる「ppm形式」に変換されますが、「-pngオプション」を指定することで、PNG形式の画像に変換できます。

pdftoppmコマンドでは、画像の接頭辞を引数に指定します。
たとえば、

```
$ pdftoppm -png PDFファイル名 img
```

と実行すると、1ページ目が「img-01.png」、2ページ目が「img-02.png」…のように変換されます。
デフォルトでは、150dpiの画像が作られますが、オプションを指定すると、解像度もしくは最大ピクセル幅やピクセル高さを変更できます。また、開始ページや終了ページも変更できます。

＊

変換結果は、**図19-2**に示すように、相当精度の良いものです。フォントが埋め込まれたPDFならば、ほぼオリジナル通りに変換できるといっても過言ではありません。

> ※ページ全体を画像に変換するのではなくて、「PDFに含まれている画像だけ」を抽出することもできます。その場合は、「pdfimagesコマンド」を使います。

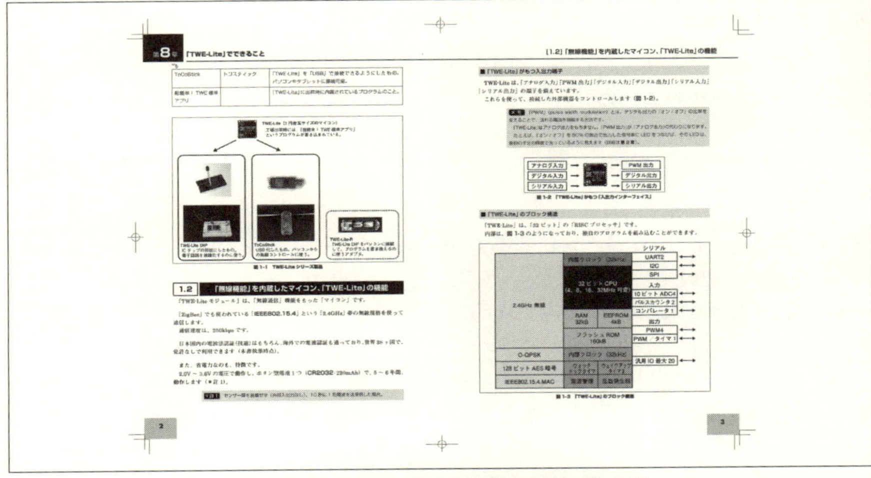
第8章 「TWE-Lite」でできること

ToCoStick	トコスティック	「TWE-Lite」を「USB」で接続できるようにしたもの。パソコンやタブレットに接続可能。
超簡単！TWE標準アプリ		「TWE-Lite」に出荷時に内蔵されているプログラムのこと。

図1-1 TWE-Liteシリーズ製品

1.2 「無線機能」を内蔵したマイコン、「TWE-Lite」の機能

「TWE-Liteモジュール」は、「無線通信」機能をもった「マイコン」です。

「ZigBee」でも使われている「IEEE802.15.4」という「2.4GHz」帯の無線規格を使って通信します。
通信速度は、250kbpsです。

日本国内の電波法認証(技適)はもちろん、海外での電波認証も通っており、世界38ヶ国で、免許なしで利用できます(本書執筆時点)。

また、省電力なのも、特徴です。
2.0V～3.6Vの電圧で動作し、ボタン型電池1つ(CR2032・220mAh)で、5～6年間、動作します(※注1)。

2

[1.2]「無線機能」を内蔵したマイコン、「TWE-Lite」の機能

■「TWE-Lite」がもつ入出力端子

TWE-Liteは、「アナログ入力」「PWM出力」「デジタル入力」「デジタル出力」「シリアル入力」「シリアル出力」の端子を備えています。
これらを使って、接続した外部機器をコントロールします(図1-2)。

図1-2 「TWE-Lite」がもつ「入出力インターフェイス」

■「TWE-Lite」のブロック構造

「TWE-Lite」は、「32ビット」の「RISCプロセッサ」です。
内部は、図1-3のようになっており、独自のプログラムを組み込むことができます。

図1-3 「TWE-Lite」のブロック構造

3

図19-2 PNG形式に変換したPDFの例

■ アップロードした PDF を画像サムネイルに変換する

では、これらのコマンドを使って、PDF をアップロードしたときに、そのサムネイルを作成する Web アプリケーションを作ってみましょう。

ここでは、PHP を使って作ります。

*

残念ながら、poppler は C++ で作られたライブラリなので、PHP から、直接呼び出すことはできません。

そこで、少し格好が悪いですが、exec 関数などを使って、これらのコマンドを直接呼び出すことになります。

*

実際に作ったものが、**List 19-1** です。

List 19-1 を使って PDF ファイルをアップロードすると、そのサムネイルが**図 19-3** のように表示されます。

> **memo** 画像変換ではなく、テキストを抽出したいだけならば、https://github.com/easybiblabs/php-poppler-pdf から入手できるライブラリが使えます。

● 一時フォルダに PDF を展開する

List19-1 では、pdfs というディレクトリに、PDF ファイルや変換した画像ファイルを保存するように作ってあります。

> ※ 実際に試すときには、pdfs ディレクトリは、書き込み権限を設定しておく必要があります。

変換する際には、「exec 関数」を使って、pdftoppm コマンドを呼び出しています。

```
$cmd = "cd $outdir;/usr/bin/pdftoppm -png -scale-to 320 $pdfn
ame $prefix 2>&1";
exec($cmd, &$output, $result);
```

ここでは、「-scale-to 320」というオプションを指定し、「320 ピクセルのサムネイル」を作るようにしました。

なお、「2>&1」というのは、標準エラー出力を標準出力にリダイレクトする指定です。

pdftoppmコマンドは、エラー・メッセージを標準出力に書き出します。

このように標準出力にリダイレクトすることによって、「第2引数」に指定した「$output」に、その「エラー・メッセージ」が格納され、エラーが発生したときの原因が分かるようになります。

```
if ($result != 0) {
  // エラー
  echo "エラーが発生しました" . $result;
  var_dump($output);
}
```

「pdftoppm」コマンドで変換すると、接頭辞を付けた連番のファイルができます。

それをglob関数で検索し、ソートしてimg要素としてユーザーに表示すれば、サムネイル一覧が表示されます。

```
chdir($outdir);
$images = array();
foreach (glob("$prefix*.png") as $f) {
  $images[] = $f;
}
// imgタグを出力する
foreach ($images as $i) {
  echo "<img src='/$path/$i'>";
}
```

List 19-1 「PDF」のサムネイルを作る例

```
<html>
<body>
<?php
  $path = 'pdfs';
  $outdir = dirname(__FILE__) . DIRECTORY_SEPARATOR . $path;

  $pdf = isset($_FILES['pdf']) ? $_FILES['pdf'] : null;
  if ($pdf && is_uploaded_file($pdf['tmp_name'])) {
    // $outdirに移動する
    $tmpname = tempnam($outdir, "pdf");
    $pdfname = $tmpname . ".pdf";
    move_uploaded_file($_FILES['pdf']['tmp_name'], $tmpname);
    rename($tmpname, $pdfname);
```

```
    // サムネイルを作る
    $prefix = "thumb-" . basename($pdfname);
    $output = array();
    $result = -1;
    $cmd = "cd $outdir;/usr/bin/pdftoppm -png -scale-to 320 $pdf
name $prefix 2>&1";
    exec($cmd, &$output, $result);
    if ($result != 0) {
      // エラー
      echo " エラーが発生しました " . $result;
      var_dump($output);
    } else {
      // prefix で始まるファイル名一覧を取得する
      chdir($outdir);
      $images = array();
      foreach (glob("$prefix*.png") as $f) {
        $images[] = $f;
      }
      // ソートする
      sort($images);
      // img タグを出力する
      foreach ($images as $i) {
        echo "<img src='/$path/$i'>";
      }
    }
  } else {
?>
  <form method="POST" action="" enctype="multipart/form-data">
  PDF ファイルを選択 :<input type="file" name="pdf"><br>
  <input type="submit" value=" 送信 ">
  </form>
<?php
  }
?>
</body>
</html>
```

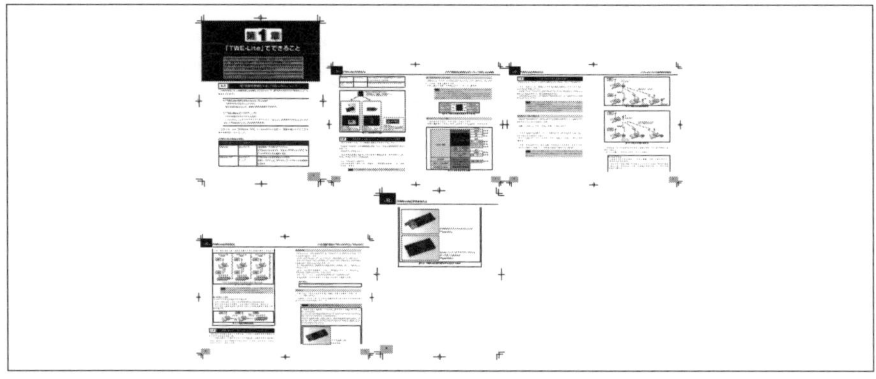

図 19-3　List 19-1 の実行例

20 PHP Simple HTML DOM Parser

スクレイピングでWebページから必要な情報を取り出す

HTMLの表を解析してテキスト化したいなど、ページの一部を抽出して利用したいことがあります。このような行為を「スクレイピング」(scraping)と言います。

ここでは、PHPからスクレイピングするときに使うと便利なライブラリ、「PHP Simple HTML DOM Parser」を紹介します。

URL	http://simplehtmldom.sourceforge.net/
開発者	S.C. Chen、John Schlick、Rus Carroll
ライセンス	MITライセンス

■ HTMLから欲しいデータを抽出する

インターネットには、さまざまな有用な情報があります。たとえば、「ニュース」や「天気予報」などは、その典型的な例です。

この種のデータをプログラムから利用すると、利便性の高いアプリを作ることができます。

たとえば、「ニュースサイトの記事タイトル」だけをまとめて、もっと見やすくするとか、「今日の天気」を調べて、「降水確率」が高そうなときにはメールで知らせるアプリなどが考えられます。

もし、データが「RSS」や「XML」「CSV」などの形式で提供されているなら、データを利用するのは簡単です。

さらにAPIとして提供されているなら、嬉しいこと、このうえありません。

しかしながら、欲しいデータがHTMLでしか提供されていないこともあります。

そのようなときには、HTMLの「タグ(要素)」を解析し、欲しいデータを抽出しなければなりません。

● スクレイピング・ライブラリ

欲しい情報が、HTMLの特定のタグに囲まれているのなら、「正規表現」を使って抽出できます。

しかし、HTMLの構造が複雑だと、とても困難になります。

そこで利用したいのが、「スクレイピング」の操作を簡単にするライブラリです。

●「PHP Simple HTML DOM Parser」を入手

スクレイピングのライブラリは、さまざまなプログラミング言語で提供されています。

PHPの場合は、

(a) Goutte（https://github.com/FriendsOfPHP/Goutte）
(b) PHP Simple HTML DOM Parser（http://simplehtmldom.sourceforge.net/）

の2つが有名です。

ここでは、**(b)** を使います。

*

「PHP Simple HTML DOM Parser」は、「simple_html_dom.php」という1本のファイルだけの、とてもシンプルなライブラリです。

上記の「Sourceforge.net」からダウンロードして入手してください。

> ※ **(a)**「Goutte」のほうが、機能が豊富で高速で、メモリの消費も少なくてすみます。
> しかし、PHPの比較的新しいバージョン（最新版だと、「PHP 5.4」以降）が必要なので、少し扱いにくい部分があります。

■ HTMLを解析する

では、実際にHTMLをスクレイピングしてみましょう。

● 今日の天気を調べる

ここでは、例として、気象庁が提供する「天気予報」のページを取り上げます。

天気予報ページは、http://www.jma.go.jp/jp/yoho/nnn.html（nnnは地域番号）というURLで提供されています。東京都の場合、「319.html」です。

このページで、「今日」と書かれている部分には、天気のアイコンが画像で示されています。

この部分を抽出して、今日の天気をテキストとして表示します（**図 20-1**）。

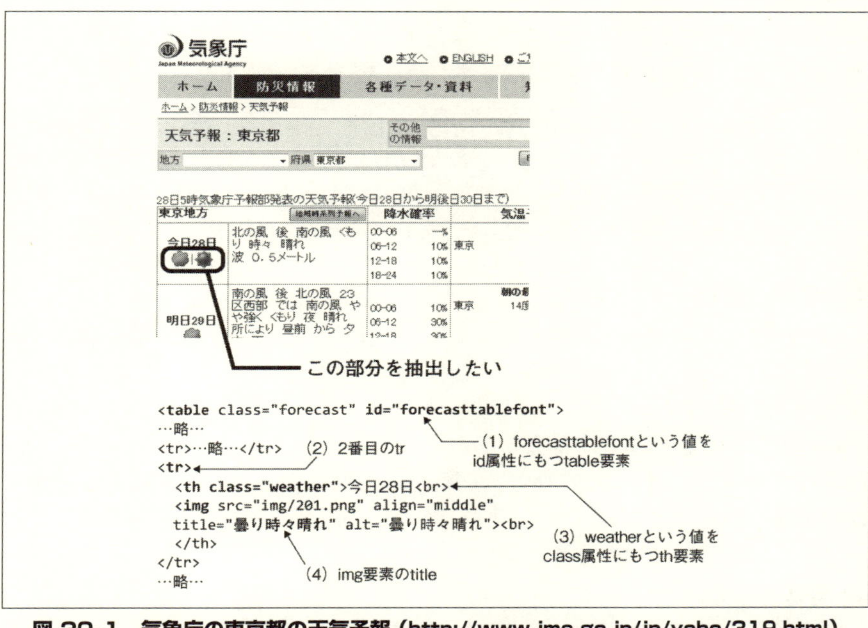

図 20-1　気象庁の東京都の天気予報（http://www.jma.go.jp/jp/yoho/319.html）

● ページの構造を調べる

スクレイピングするには、ページの構造を知る必要があります。

図 20-1 の HTML ソースを確認すると、今日の天気を示す箇所は、

```
<table class="forecast" id="forecasttablefont">
…略…
<tr>…略…</tr>
<tr>
  <th class="weather"> 今日 28 日 <br>
  <img src="img/201.png" align="middle" title=" 曇り時々晴れ "
    alt=" 曇り時々晴れ "><br>
  </th>
</tr>
…略…
```

のように構成されているようです。

うまくスクレイピングするには、「要素を、どのように特定するのか」がポイントになります。次の点に着目します。

---

① id 属性

HTML の規約として、id 属性には同じ値を指定することが許されていません。そのため id 属性の値を指定すれば、要素を一意に特定できます。

> ※ ただし、HTML の制作者が id 属性の使い方を間違っていることもあり、サイトによっては、同じ id 属性の値が存在する「間違った HTML」が使われている可能性もあります。その場合、id 属性値で要素を特定しようとすると、うまくいきません。

② class 属性

class 属性は、CSS を適用するときに使う値です（class 属性は、一意ではありません）。

見栄えを変えるために、「見出し」「本文」など、用途によって、異なる class 属性が指定されていることがあります。

そのためスクレイピングで、この属性を活用すると、場所を特定しやすくなります。

③ 何番目なのか

①でも②でも特定できないときは、指定した要素が、何番目に出てくるのかで特定します。

以上を踏まえると、気象庁の天気予報サイトから「今日の天気」を知りたいときは、たとえば、次のようにして、スクレイピングで抽出すべき要素を特定できます。

---

(1)「forecasttablefont」という値を「id 属性」にもつ「table 要素」の配下にある
(2) 2 番目の「tr」の配下にある
(3)「weather」という値を「class 属性」にもつ「th 要素」の配下にある
(4)「img 要素」の「title」（もしくは alt）の値

■「スクレイピング」する

実際に「スクレイピング」してみましょう。
そのプログラムは、**List 20-1** のようになります。

---

① コンテンツを取得する

「file_get_html 関数」を使うと、コンテンツをインターネットからダウンロードできます。

```
$html = file_get_html('http://www.jma.go.jp/jp/yoho/319.html');
```

② 要素を探す（1）

要素を探すには、find メソッドを使います。
「find メソッド」には、要素を特定する「CSS セレクタ」を指定します。

※ CSS セレクタは、CSS を適用するときに使われる構文。

まずは、次のようにして、「コンテンツ全体」(①で読み込んだ $html) から、

---

(1)「forecasttablefont」という値を「id 属性」にもつ「table 要素」の配下にある
(2) 2 番目の「tr」

を取得します。
ここで指定している最後の引数「1」は、2 番目の要素（インデックスは 0 から始まるため、「2 － 1 = 1」を指定する）という意味です。

```
$tr = $html->find('table#forecasttablefont tr', 1);
```

③ 要素を探す（2）

さらに、②で見つけた「tr 要素」の下の、

---

(3)「weather」という値を「class 属性」にもつ「th 要素」の配下にある
(4)「img 要素」

を探します。
ここ指定している最後の引数「0」は、「見つかった要素の先頭」という意味です。

```
$img = $tr->find('th.weather img', 0);
```

④ 要素の値を表示する

③の title 属性の値を画面に表示します。

```
print "天気=" . $img->title;
```

これによって、たとえば、「曇りのち晴れ」などの文字が表示されます。

List 20-1 「スクレイピング」の例

```
<?php
  require_once("simple_html_dom.php");
  // コンテンツを読み込む
  $html = file_get_html(
    'http://www.jma.go.jp/jp/yoho/319.html');

  // スクレイピングする
  // 2番目のtrを得る
  $tr = $html->find('table#forecasttablefont tr', 1);
  // その下のimgを得る
  $img = $tr->find('th.weather img', 0);
  // title属性の値を得る
  print "天気=" . $img->title;
?>
```

■「スクレイピング」の注意点

このように「スクレイピング・ライブラリ」を使うと、「CSS セレクタ」を使って要素を特定し、その情報を取得できるので、簡単です。

＊

しかし、次の点に注意しなければなりません。

---

①「著作権」と「相手のサーバへの負荷」の問題

ひとつは、「著作権」の問題です。

「スクレイピング」では、HTML ページの一部を勝手に切り出して流用していますから、このデータを再配布すると、「著作権の侵害」となります。

また、コンテンツを提供するサーバにアクセスすることになるので、相手の「サーバ負荷」も考えなければなりません。

技術的には、「スクレイピング」して、「リンク」（<a href="">のタグ）を次々と辿ることで、サイト全体のデータを丸ごと引っ張ってくることもできます。

しかし、その行為は、相手の「サーバ」に大きな負担をかけます。

② ページが変わる可能性

HTMLページは、サイトの「リニューアル」などによって、予告なく変更される恐れがあります。

「要素」の「登場順序」や「構成」が変わってしまうと、うまく「スクレイピング」できなくなり、プログラムの修正を余儀なくされます。

21 MeCab

フリガナを付ける

データベースなどに入力されたデータを表示するときには、探しやすくするため、「ID 順」や「50 音順」などで並べ替えて表示するのが一般的です。
「50 音順」で並べたいなら、「フリガナの入力欄」が必要になります。しかし、フリガナの入力は二度手間になるため、嫌われる傾向があります。
そこで検討したいのが、「フリガナの自動入力」です。「MeCab」は、「形態素解析」をするためのライブラリです。

URL	http://taku910.github.io/mecab//
開発者	工藤 拓
ライセンス	GPL、LGPL、BSD

■「分かち書き」するライブラリ「MeCab」

MeCab は、「分かち書き」をサポートするライブラリです。

```
8 月 31 日は、野菜の日です。
```

のような文を、

```
8 ／月／ 31 ／日／は／、／野菜／の／日／です／。
```

のような、「単語の区切り」に変換します。

MeCab の辞書には、その単語の「読み」も登録されているので、その情報を使えば、

```
8 ガツ 31 ニチハヤサイノヒデス
```

のようにフリガナに変換できます。

■ MeCab をインストールする

まずは、MeCab をインストールしましょう。

「Linux」の場合は、ソース・コードをダウンロードしてビルドします。

※ Windows の場合には、実行形式のバイナリが提供されています。

ここでは、「CentOS 6.5」にインストールする方法を説明します。

●「MeCab」本体のインストール

まずは、「MeCab」のページ（http://taku910.github.io/mecab/）にアクセスして、ソースファイルをダウンロードします。

```
http://taku910.github.io/mecab/
```

本書の執筆時点では、

```
mecab-0.996.tar.gz
```

という名前でダウンロードできました。

＊

このファイルを、次のようにしてインストールします。

手順 MeCab 本体のインストール

[1] g++ など必要なライブラリのインストール

MeCab は、「C++」で書かれています。
そのため、ビルドには、「C++」の開発ツールやライブラリが必要です。
事前に、次のようにして、インストールしておいてください。

```
# yum install gcc-c++
```

[2] MeCab 本体の展開とインストール

手順 **[1]** でダウンロードした「tar.gz 形式のファイル」を、適当なディレクトリに展開します。

```
$ tar xzvf mecab-0.996.tar.gz
```

すると、mecab-0.996 ディレクトリが出来るので、

```
$ cd mecab-0.996
$ ./configure --with-charset=utf8
# make install
```

としてインストールします。

● 辞書のインストール

次に、MeCabで使う「辞書」をインストールします。

いくつか種類がありますが、標準的な辞書は、「IPA辞書」です。

「mecab-ipadic.バージョン番号-日付.tar.gz」というファイルで、MeCabのサイトで配布されています。

このファイルをダウンロードしたら、

```
$ tar xzvf mecab-ipadic-2.7.0-20070801.tar.gz
```

のように展開してください。

そして、次のようにインストールしてください。

```
$ cd mecab-ipadic-2.7.0-20070801
$ ./configure --with-charset=utf8
$ make install
```

● 動作確認する

これでMeCabのインストールが終わり、「mecab」というコマンドが使えるようになりました。

シェルから、次のように入力してください。

```
$ mecab
```

すると、コマンド入力待ちになるので、

```
8月31日は、野菜の日です。
```

と入力してください。

解析結果が、次のように出力されます。これを「形態素解析」と言います。

```
8       名詞,数,*,*,*,*,*
月      名詞,一般,*,*,*,*,月,ツキ,ツキ
31      名詞,数,*,*,*,*,*
日      名詞,接尾,助数詞,*,*,*,日,ニチ,ニチ
は      助詞,係助詞,*,*,*,*,は,ハ,ワ
、      記号,読点,*,*,*,*,、,、,、
```

```
野菜	名詞,一般,*,*,*,*,野菜,ヤサイ,ヤサイ
の	助詞,連体化,*,*,*,*,の,ノ,ノ
日	名詞,非自立,一般,*,*,*,日,ヒ,ヒ
です	助動詞,*,*,*,特殊・デス,基本形,です,デス,デス
。	記号,句点,*,*,*,*,。,。,。
```

■ PHPからMeCabを利用する

次に、プログラムからMeCabを使ってみましょう。

CやC++以外から、MeCabを呼び出して使うには、追加のライブラリが必要です。

ここでは、PHPからMeCabを利用できるようにしてみましょう。

*

PHPからMeCabを利用する拡張機能(extension)は、「php-mecab」(作者：Ryusuke SEKIYAMA氏)という名前で、下記のサイトで配布されています。

https://github.com/rsky/php-mecab/

■ PHPライブラリのインストール

php-mecabのインストールには、「phpie」という環境設定用コマンドが必要です。

CentOSの場合は、php-develに含まれているので、

```
# yum install php-devel
```

として、事前にインストールしてください。

● php-mecabのインストール

先に提示したgithubから最新のファイルをダウンロードしてインストールします。

```
$ wget https://github.com/rsky/php-mecab/archive/master.zip
```

そして、ダウンロードしたmaster.zipを展開し、インストールします。

```
$ unzip master
$ cd php-mecab-master
$ cd mecab
$ ./configure --with-php-config=/usr/bin/php-config --with-mecab=/usr/local/bin/mecab-config
$ sudo make install
```

● php.ini の設定変更

インストールが終わったら、「/etc/php.ini」を開き、次の 1 文を追記して、モジュールを有効にしてください。

【「/etc/php.ini」ファイルに追記】

```
extension=mecab.so
```

これで設定完了ですが、もし、Apache が起動しているようなら、この「php.ini」の設定内容を知らせるため、Apache を再起動してください。

```
$ sudo service http restart
```

● PHP でフリガナを取得する

では、PHP を使って、形態素解析をしてみましょう。

---

① 分かち書きする

まずは、分かち書きの例から示しましょう。

mecab_split 関数を使うと、次のように、それぞれの単語を取得できます（List 21-1）。

```
array(11) {
  [0]=>
  string(1) "8"
  [1]=>
  string(3) "月"
  …略…
  [9]=>
  string(6) "です"
  [10]=>
  string(3) "。"
}
```

List 21-1　形態素解析の例

```
<?php
  $str = "8月31日は、野菜の日です。";
  $result = mecab_split($str);
  var_dump($result);
?>
```

② フリガナを取得する

フリガナを取得するには、MeCab_Tagger オブジェクトを作り、parseToNode メソッドを使って、それぞれの要素を解析します。

List 21-2 のようにすると、フリガナに変換した文字列を取得できます。
結果は、

```
8 ツキ 31 ニチハ、ヤサイノヒデス。
```

のようになります。

「月」が、「ガツ」ではなく「ツキ」になるなどの問題がありますが、「簡易な並べ替え」や「フリガナの補助入力」として、実用的に使えるはずです。

List 21-2　フリガナを取得する

```
<?php
  $str = "8月31日は、野菜の日です。";

  $mecab = new MeCab_Tagger();
  $node = $mecab->parseToNode($str);

  do {
    $stat = $node->getStat();
    // 0=普通、1=未知
    if (($stat == 0) || ($stat == 1)) {
      $val = split(",", $node->getFeature());
      // 読みは7番目のインデックス
      if (isset($val[7])) {
        print $val[7];
      } else {
        print $node->getSurface();
      }
    }
  } while ($node = $node->getNext());
?>
```

Selenium

ブラウザ操作を自動化

システム開発には、「テスト」が不可欠です。
「Selenium」は、Webブラウザを自動操縦することで、「テスト」を自動化するツールです。
「テスト」だけでなく、「大量のデータ」を「Webシステムの入力フォーム経由で登録」するときにも便利です。

URL	http://docs.seleniumhq.org/projects/
開発者	Selenium project
ライセンス	Apache License

■ Seleniumの構成

「Selenium」(セレニウム)は、(A)「Selenium IDE」と(B)「Selenium Server」の2つに分けられます(**図22-1**)。

(A)「Selenium IDE」はクライアントで利用するツール、(B)「Selenium Server」は開発者のパソコンやサーバにインストールして、ブラウザをコントールするためのツールです。

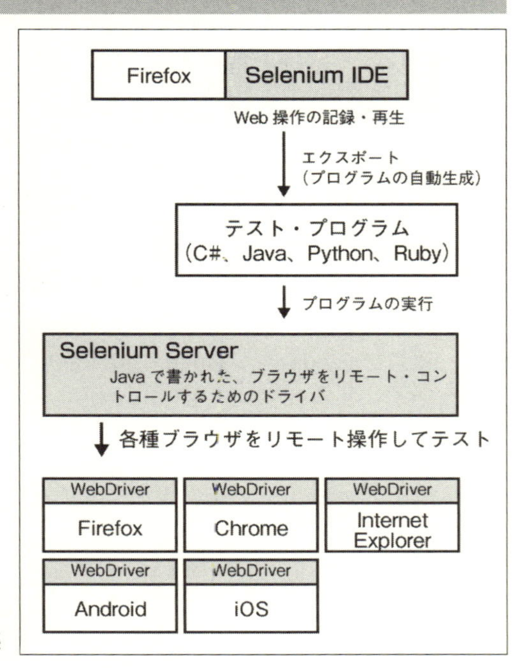

図22-1 「Selenium IDE」と「Selenium Server」の関係

■ 操作を記録し再生する「Selenium IDE」

Selenium IDE は、ユーザーの Web 操作を「記録･再生」するツールです。「Word」や「Excel」で、キー操作を記録する「キーボード・マクロ」の機能と同様のことが、Web ブラウザでもできるようになります。

Firefox の「プラグイン（拡張機能）」として提供されています。

● 操作の記録と再生の方法

記録や再生は、次のように操作します（図 22-2）。

---

① 操作を記録

「Selenium IDE」プラグインを起動すると、操作の記録ウィンドウが表示されます。

ここで、赤い［記録］ボタンを押して、ブラウザを操作すると、その動作がひとつずつ記録されます（もう一度押すと、記録停止）。

② 操作を再生

記録した操作は、右の［テストスイート全体を実行］または［現在のテストケースを実行］をクリックすると、再生できます。

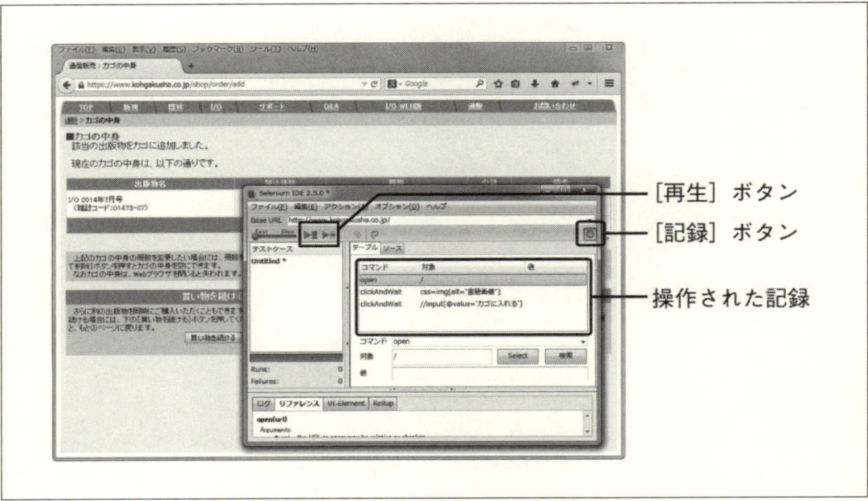

図 22-2 「Selenium IDE」での記録や再生操作

■ 記録した操作を使いやすく編集する

「まったく同じ操作を何度もやりたい」ということはまずありません。

やりたいことは、「操作の結果、条件通りの出力が得られているかを確認したい」とか「少し入力値などを変えた操作を何度も実行したい」というのがほとんどです。

そこで、記録した操作を元に編集して、目的のことができるように改造します。

● 正しく画面遷移して、エラー・メッセージなどが出るか確認する

「Selenium」をWebシステムの「テスト」に使うときに必要になるのが、「操作の結果が正しいかを判定すること」です。

たとえば、「ボタンをクリックしたときの遷移先は正しいか」「遷移先では正しい出力が得られているか」などの判定が必要になります。

「Selenium」では、「assertXXXXX」(XXXXXは、さまざまな機能)のコマンドを使うことで、XXXXXの条件を満たしているときに、テスト結果が「失敗」であったことを示すことができます。

たとえば、冊数に数字以外の値を入力すると、「冊数に数字以外の値が指定されたため、カゴの冊数を変更できませんでした。」というメッセージが表示されるWebシステムがあるとします。

テストの視点で考えると、数字以外の値を入力したときに、「メッセージが表示されない」のであれば、プログラムは正しくない(テストに失敗)ということになります。

そこでこの挙動をテストするときには、「要素に文字列が含まれていないときは失敗として扱う」というコマンドである「assertNotBodyTextコマンド」を使って、**図22-3**のようにテスト項目を書きます。

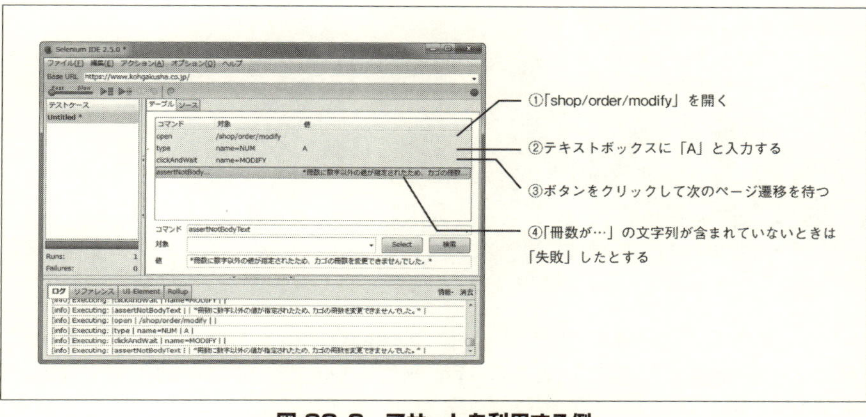

図 22-3　アサートを利用する例

● 大量のデータを登録する

「Selenium IDE」は、大量のデータを登録したいときにも役立ちます。

「Selenium IDE」が書き出すファイルは、「HTML」の「表」（table タグ）で構成されます。

たとえば、「『商品名』『商品写真』『価格』の 3 つの入力欄があるフォーム」で、これらの情報を登録する場合、「Selenium IDE」で記録した結果は、次のようになります。

```
<!-- 登録ページを開く -->
<tr>
  <td>open</td>
  <td>http://example.com/registproduct.php</td>
  <td></td>
</tr>
<!-- 各フィールドに値を設定 -->
<tr>
  <td>type</td>
  <td>name=name</td>
  <td> リンゴ </td>
</tr>
<tr>
  <td>type</td>
  <td>name=image</td>
  <td>C:¥Users¥myname¥Pictures¥apple.jpg</td>
</tr>
<tr>
```

```
  <td>type</td>
  <td>name=price</td>
  <td>100</td>
</tr>
<!-- 登録ボタンをクリック -->
<tr>
  <td>clickAndWait</td>
  <td>name=submit</td>
  <td></td>
</tr>
```

そこで、この構造の表を用意したHTMLファイルを作り、それを「Selenium IDE」に読み込んで実行すれば、「商品登録の自動化」が実現できます。

※「Selenium IDE」には、「条件分岐」や「ループ」の機能がありません。「flowControl (https://addons.mozilla.org/ja/firefox/addon/flow-control/)」というプラグインをインストールすると、「条件分岐」や「ループ処理」ができるようになります。

※「Selenium IDE」で作ったテスト項目は「C#」「Java」「Python」「Ruby」などの「スクリプト言語」に変換することもできます。

■「Internet Explorer」でテストする

「Selenium Server」を使うと、「Internet Explorer」など、Firefox以外のブラウザでもテストを再生できます。

※ブラウザを自動操縦するには、「WebDriver」が必要です(下記の**手順[2]**)。「Chrome」や「Opera」など、他のWebDriverについては、「http://docs.seleniumhq.org/projects/webdriver/」を参照してください。

手順 「Selenium Server」を使って操作する

[1]「Selenium Server」をダウンロードする

Seleniumのダウンロードページから、「Selenium Server」をダウンロードしてください。

本稿の執筆時点では、「selenium-server-standalone-2.42.2.jar」というファイルでした。

※Selenium ServerはJavaで書かれています。そのため実行には、JREやJDKなどのJava実行環境が必要です。

[2]「Internet Explorer Driver Server」のインストール

同サイトから、「Internet Explorer Driver Server」をダウンロードしてください。

展開した「IEDriverServer.exe」を、[1]と同じフォルダに置いてください。

[3]「Internet Explorer」の「保護モードの設定」をゾーンすべてで同じ値にする

「Internet Explorer」の設定画面の［セキュリティ］タブには、「インターネット」「ローカルイントラネット」「信頼済みサイト」「制限付きサイト」の4つゾーンに対する設定があります（**図 22-4**）。

これらすべてのゾーンについて、［保護モードを有効にする］に、「チェックを付ける」か「チェックを付けない」のどちらかで統一してください。

[4]「Selenium Server」の実行

コマンドプロンプトを開き、「Selenium Server」を、次のように実行してください。

```
C:¥>java -jar selenium-server-standalone-2.42.2.jar -Dwebdriv
er.ie.driver=.¥IEDriverServer.exe
```

[5]「Selenium IDE」で環境を切り替えて実行する

（Firefox プラグインの）「Selenium IDE」で［オプション］－［設定］を開いて、設定画面を表示してください。

［WebDriver］タブで、［Enable WebDriver Playback］にチェックを付けると、他のブラウザを選べるようになります（**図 22-5**）。

※ 設定変更後は、一度「Selenium IDE」を起動し直す必要があります。

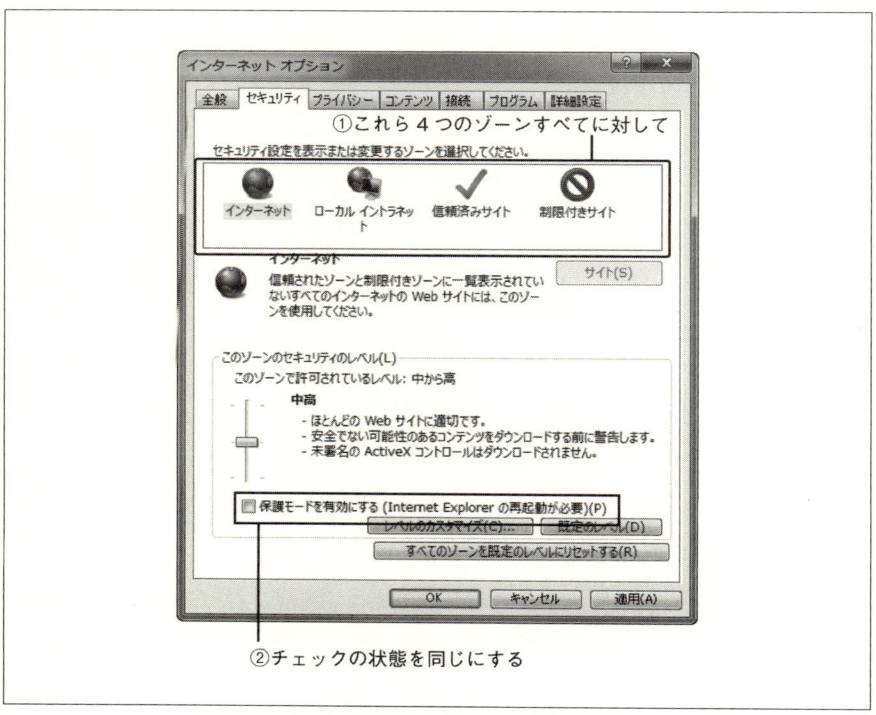

図 22-4　保護モードの設定を合わせる

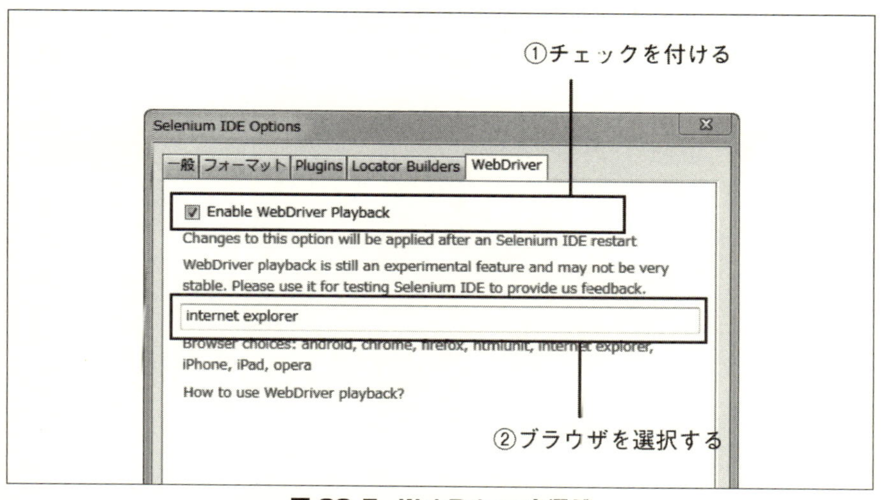

図 22-5　WebDriver を選ぶ

23 MailCatcher

軽量なダミーのメール・サーバ

Web システムを開発するときに、「メール」を送信しなければならない場面があります。たとえば、会員制サイトでの「ユーザー登録確認」や通販サイトでの「確認メール」などです。開発中は、「宛先」を「開発者メールアドレス」に変更して確かめるのが一般的です。

しかしそうすると、元に戻し忘れることもあるばかりか、本来の宛先とは違うので、メールの「ヘッダ」などが正しいかまでは確認できません。

そのようなときに便利なのが、メールをフックできる「MailCatcher」です。

URL	http://mailcatcher.me/
開発者	Samuel Cochran
ライセンス	MIT ライセンス

■ 軽量なダミーのメール・サーバ

「MailCatcher」は、「Ruby」で作られたダミーの「軽量メール・サーバ」(SMTP サーバ) です。

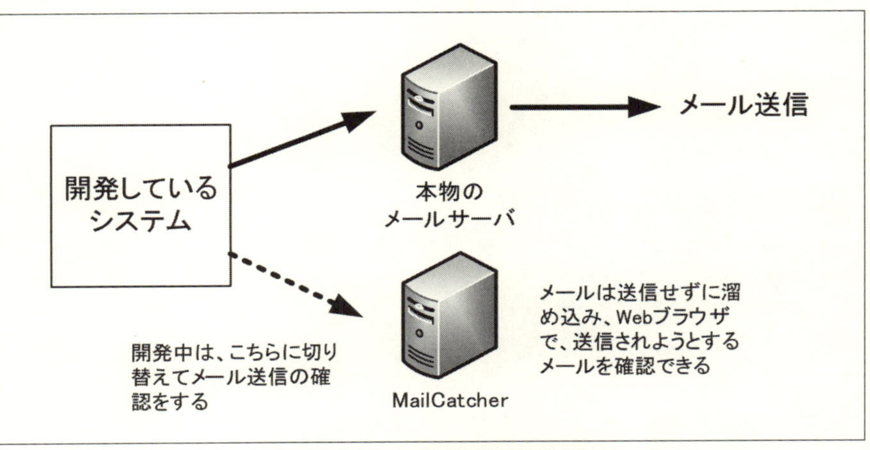

図 23-1 MailCatcher の仕組み

開発しているシステムでは、SMTPサーバとして、本物のメールサーバの代わりに、「MailCatcherをインストールしたサーバ」を指定します。
すると、実際にメールを送信するのではなく、内部に溜め込み、Webで閲覧できるようになります。

● Rubyがあればインストールは簡単

「MailCatcher」は、「Ruby」で作られたシステムです。
もし、サーバに「Ruby」がインストールされているのなら、使い始めるのは簡単です。

*

次のようにgemコマンドでインストールします。

```
gem install mailcatcher
```

すると、mailcatcherコマンドがインストールされるので、次のようにして起動します。

```
mailcatcher
```

● MailCatcherを使う

デフォルトでは、ポート1025番でSMTPの待ち受けをしています。

そこで、メールを送信するシステムでは、自身（localhost）の1025番をメール・サーバとして設定します。

*

たとえば、PHPでメールを送信するときは、**List 23-1**のようにします。

```
$serverconfig =array (
  // MailCatcherのIPアドレス、ポート番号を渡す
  'host' => 'localhost',
  'port' => 1025
);
```

このようにすると、メールは本当の宛先に送信されず、MailCatcherに溜め込まれるようになります。

List 23-1 メールを送信する例

```
<?php
require_once('Mail.php');

$serverconfig =array (
  // MailCatcherのIPアドレス、ポート番号を渡す
  'host' => 'localhost',
  'port' => 1025
);

$mail = Mail::factory('smtp', $serverconfig);

// 受信者
$to = "foobar@example.co.jp";

// 差出人
$from = mb_encode_mimeheader("通販システム",
  'ISO-2022-JP', 'B') . '<shop@example.jp>';

// 件名
$subject = mb_encode_mimeheader("ご注文ありがとうございました",
  'ISO-2022-JP', 'B');

// メールのヘッダ
$headers = array (
  'From' => $from,
  'Subject' => $subject,
  'MIME-Version' => '1.0',
  'Content-Type' => 'text/plain;charset="iso-2022-jp"'
);

// 本文
$body = <<<BODY
このたびはご注文いただき、ありがとうございました。
商品の発送準備が整い次第、ご連絡を差し上げます。

本メールは自動応答メールです。このメールに返信することはできません。
BODY;

$body = mb_convert_encoding($body, 'ISO-2022-JP');

// 送信
$result = $mail->send($to, $headers, $body);
if (PEAR::isError($result)) {
  die("送信エラー" . $result->getMessage());
}
?>
```

● 受信したメールを確認する

溜め込まれたメールを確認するには、「MailCatcher」が起動しているサーバのポート「1080番」（デフォルト）に、Webブラウザで接続します。

すると、Webメールソフトのように、メールが一覧で表示され、その内容を確認できます。

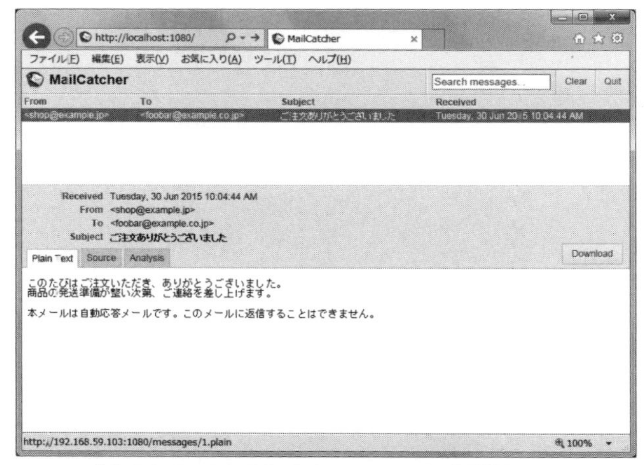

図 23-2　MailCatcher でメールを確認する

■ Docker を使って MailCatcher を構築する

このように「MailCatcher」そのものの使い方は、とても簡単です。

＊

しかし実際にやってみると分かりますが、動かすまでが、少し大変です。

なぜなら、Rubyをインストールしなければならないからです。

とくにWindows版のRubyで実行しようとすると、「sqlite3のライブラリがない」というエラーが発生し、かなり面倒なことになります。

＊

そもそも、この手のツールを使うのに、あまり手間をかけたくありません。

そこで検討したいのが、「Docker」の利用です。

> ※ Docker（ドッカー）とは、アプリケーションを「コンテナ」としてまとめ、仮想化して実行する技術です。

「Docker版」のMailCatcherは、いくつかありますが、今回は、下記のレポジトリを用いました。

```
https://github.com/akretion/docker-mailcatcher
```

● Boot2Dockerを使う

本書は、「Docker」に関するものではないので、「Docker」についての詳細は割愛しますが、WindowsやMacでは、「Boot2Docker」というツールを使えば、Dockerの実行環境を簡単に作れます。

「Boot2Docker」は、仮想サーバ・ソフトである「VirtualBox」に、軽量なLinux「Tiny Core Linux」をインストールして、Docker環境を実現するものです。

```
http://boot2docker.io/
```

・「Docker」を起動する

「Boot2Docker」をインストールすると、デスクトップに［Boot2Docker Start］というアイコンが表示されます。

このアイコンをダブル・クリックして起動すると、仮想マシンが起動し、ターミナルでコマンド操作できるようになります。

*

起動直後には、

```
IP address of docker VM:
192.168.59.103
```

のように、IPアドレスが表示されるので、確認しておきましょう。

※IPアドレスは環境によって異なります。IPアドレスがわからなくなったときは、ターミナルから「boot2docker ip」と入力すると、再表示できます。

● MailCatcherのインストール

ターミナルから、

```
$ docker run -d -p 1080:1080 -p 1025:1025 --name mail catcher
akretion/lightweight-mailcatcher
```

と入力します。

すると、「MailCatcher」の「Dockerイメージ」がダウンロードされ、実行されます。

起動が完了すれば、いま確認した、「192.168.59.103」上で、「MailCatcher」が動作します。

そこで、メール・サーバとして、「192.168.59.103のポート1025番」を指定すると、「MailCatcher」に対してメールを送信できます。

＊

メールを確認するには、「http://192.168.59.103:1080」にアクセスします。

【コラム】Dockerを初期化する

Boot2Dockerでは、まれに「certificate is valid for…」というメッセージが表示されて、操作できなくなることがあります。

そのようなときには、

```
$ boot2docker delete; boot2docker init; boot2docker up
```

として、Dockerコンテナを作り直すとよいでしょう。

> ※ただし、この方法では、コンテナを消去しているので、中身が失われます。また IP アドレスも変わります。

● Dockerの終了と操作

Dockerの稼働状況は、次のように「docker ps」コマンドで調べることができます。

```
$ docker ps
…略…
6e12ff179edf          akretion/lightweight-mailcatcher
"mail catcher --smtp-    49 minutes ago         Up 49 minutes
0.0.0.0:1025->1025/tcp, 0.0.0.0:1080->1080/tcp   mail catcher
```

停止するには、次のように「docker stop」します。

```
$ docker stop mailcatcher
```

stopしても、Dockerコンテナはなくなりません。「docker start」で再開できます。

もし、Dockerコンテナを破棄したいときは、「docker rm」コマンドを使います。

```
$ docker rm mailcatcher
```

*

最後となるこの章では、ライブラリの話ではなく、MailCatcherというツールとDockerの話をしました。

このように、Dockerを使うと、使いたいときにすぐに目的のサーバを起動できて便利です。

今回は、MailCatcherを使ったわけですが、Dockerコンテナには、「Webサーバ」「メール・サーバ」「データベース・サーバ」など、もっと基本的なサーバ機能も、たくさん提供されています。

ちょっとしたサーバを作りたい開発の場面では、Dockerがとても役に立つはずです。

索 引

五十音順

≪あ行≫

い 位置情報 …… 97
緯度 …… 98
イベント …… 47
え エスケープ処理 …… 108
円グラフ …… 134
お オープンソース …… 8
オプション …… 48
折れ線グラフ …… 52

≪か行≫

か 画像サムネイルに変換 …… 160
く クライアント・サイド …… 79
グラフを描く …… 122
グラフを重ねる …… 55
グリッド・レイアウト …… 20
け 経度 …… 98
こ 項目の動的な追加 …… 41
コールバック関数 …… 80
コントローラ …… 138

≪さ行≫

さ サーバ・サイド …… 78
削除リンク …… 62
し 四則演算 …… 94
自動化 …… 176
絞り込み …… 120
条件判定 …… 28
す スクレイピング …… 167
スクレイピング・ライブラリ …… 164
スタイルシート …… 19
そ 操作権限 …… 81
操作を記録 …… 177
操作を再生 …… 177
ソート …… 107

≪た行≫

た タグ …… 34
段組み …… 86
単語の組み合わせ …… 94
つ ツリー …… 44
て データ・バインディング …… 110
データ・バインド …… 125
データを抽出 …… 163
テーブルを作る …… 135
天気予報 …… 164
テンプレート …… 23, 27
テンプレート・エンジン …… 24
テンプレート機能 …… 109
と ドキュメント変換サーバ …… 154
ドロップダウン …… 37

≪な行≫

な 並べ替え …… 120
に 日本語の CAPTCHA …… 96

≪は行≫

は バーコード …… 145
配列を表として出力 …… 116
凡例を表示 …… 56
ひ ビュー …… 139
表出力 …… 146
ふ フィールド …… 140
複数項目の選択 …… 41
複数のツリー …… 81
ブラウザ操作 …… 176
プラグイン …… 48
フリガナ …… 170
ほ 棒グラフ …… 131

≪ま行≫

め メール・サーバ …… 183
も モザイク …… 65
モデル …… 137

≪ら行≫

ら ライセンス …… 13
ライブラリ …… 8
る ループ処理 …… 28, 106
れ レスポンシブ・デザイン …… 21

≪わ行≫

わ 分かち書き …… 170

アルファベット順

≪ A ≫

Ajax …… 11
Apache License …… 14
assertNotBodyText …… 178

≪ B ≫

Blob データ …… 57
Boot2Docker …… 187
Bootstrap3 …… 18
BSD ライセンス …… 14

≪ C ≫

Cache ディレクトリ …… 26
CakePHP …… 135
canvas …… 51, 70
CAPTCHA …… 91
Chart.js …… 51
class 属性 …… 166
Clone 操作 …… 105
CMS ツール …… 31
CodeMirror …… 85
Compile ディレクトリ …… 26
Config ディレクトリ …… 26
Connector …… 75
COPYING …… 15

COPYRIGHT……15
crop.js……67
CSS……18
CSV ファイル……128
CVS……84

≪D≫

D3.js……122
daya メソッド……126
diff 形式……90
Docker……186
DOM……11
Dropbox……82
Dropzone……58

≪E≫

elFinder……72
escape メソッド……108
Excel……33

≪F≫

FileServer.js……51
filter メソッド……107
Flash……95
FreeMarker……30
FTP……82

≪G≫

generateLegend……56
GeoIP2……97
Geolocation API……98
get……89
Git……84
Google Map……98
GPLv3……14

≪H≫

headless 版……150
HTML::Template……30
HTML タグ……35
HTML を解析……164

≪I≫

id 属性……166
ImageAreaSelect……65
IP アドレス……100

≪J≫

JavaScript……9, 22,61,98
JavaScript Canvas to Blob……51
JODConverter……150
jQuery……11, 72, 85
jQuery UI……72
jsTree……44

≪L≫

LGPLv3……14
LibreOffice……150
LICENSE……15

≪M≫

MailCatcher……183
MeCab……170
min.js……12
MIT ライセンス……14
Morgely……84
Movable Type……31
MPL……14
multiple 属性……41
Mustache……30

≪O≫

onSelectEnd……68

≪P≫

PDF……143, 157
PHP……9, 25, 60, 173
PHP Simple HTML DOM Parser……163
Pixastic……65
Poppler……157
ppm 形式……159

≪R≫

README……15
Ruby……184
Ruby on Rails……30

≪S≫

scroollToDiff……89
search……89
Securimage……91
Select2……37
Selenium……176
Selenium IDE……181
Selenium Server……180
Smarty……24
sortBy メソッド……107
SQL……142
SVN……84

≪T≫

TCPDF……143
Temlate ディレクトリ……26
TinyMCE……31

≪U≫

Underscore.js……104
UNO……152

≪V≫

Velocity……30
Vue.js……110

≪W≫

Web システム……9
where メソッド……107
Word……33
WordPress……31

[著者略歴]

大澤 文孝 (おおさわ・ふみたか)

テクニカルライター。プログラマー。
情報処理技術者(「情報セキュリティスペシャリスト」「ネットワークスペシャリスト」)。
雑誌や書籍などで開発者向けの記事を中心に執筆。主にサーバやネットワーク、Webプログラミング、セキュリティの記事を担当する。
近年は、Webシステムの設計・開発に従事。

[主な著書]

「TWE-Lite(トワイライト)ではじめる「センサー」電子工作」「TWE-Lite(トワイライト)ではじめるカンタン電子工作」「Amazon Web Servicesではじめる Webサーバ」「256将軍と学ぶ Webサーバ」「プログラムを作るとは?」「インターネットにつなぐとは?」「Windows Server 2008 R2入門」「基礎からのWindows Small Business Server 2008」「TCP/IPプロトコルの達人になる本」「クラスとオブジェクトでわかる Java」「IPv6導入ガイド」 (以上、工学社)

「ちゃんと使える力を身につける Javaプログラミング入門」
「ちゃんと使える力を身につける Webとプログラミングのきほんのきほん」 (以上、マイナビ出版)

「Amazon Web Services クラウドデザインパターン実装ガイド」
「設計すればアプリが動く GeneXus入門」 (以上、日経BP)

「UIまで手の回らないプログラマのための Bootstrap 3実用ガイド」
「prototype.jsとscript.aculo.usによるリッチWebアプリケーション開発」 (以上、翔泳社)

本書の内容に関するご質問は、

①返信用の切手を同封した手紙
②往復はがき
③ FAX(03)5269-6031
(返信先のFAX番号を明記してください)
④ E-mail editors@kohgakusha.co.jp

のいずれかで、工学社編集部あてにお願いします。
なお、電話によるお問い合わせはご遠慮ください。

I/O BOOKS

Webシステム用ライブラリ活用ガイド

平成28年5月25日 初版発行 © 2016

著 者 大澤 文孝
編 集 I/O編集部
発行人 星 正明
発行所 株式会社**工学社**
〒160-0004 東京都新宿区四谷4-28-20 2F
電話 (03)5269-2041(代)[営業]
(03)5269-6041(代)[編集]
振替口座 00150-6-22510

※定価はカバーに表示してあります。

[印刷] シナノ印刷(株)

ISBN978-4-7775-1952-1